건설강국 코리아를 향한 도약

한국건설의
미래 생태계 설계 주문

Institute of Construction and Environmental Engineering

한국 건설의 미래 생태계 설계 주문

건설강국 코리아를 향한 도약

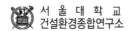

서울대학교
건설환경종합연구소

KSCE PRESS
KOREAN SOCIETY OF CIVIL ENGINEERS PRESS

일러두기

1. 맞춤법과 외래어 표기는 국립국어원의 용례를 따랐다.
2. 한글을 원칙으로 하되, 고유명사나 전문용어는 괄호 안에 영문 등 원문자를 표기하였다.
3. 정부기관이나 공공기관 등의 명칭이 반복 사용되는 경우 통용되는 약칭로 표기하였다.
   (예: 과학기술정보통신부 → 과기부)
4. 도서명과 박사학위논문은 겹낫표(『 』), 법령과 논문은 홑낫표(「 」), 직접 인용은 큰따옴표
   (" "), 간접인용과 강조 표현은 작은따옴표(' ')를 사용하였다.

국토인프라는 바로 국민이 일상생활 속 어디서나 보고 이용하는 집과 상하수도, 전력과 도로 등을 말합니다. 국토인프라는 국민의 일상생활에서 단 한순간도 떨어져서 살 수 없는 공기와 같습니다. 「헌법」제34조와 제35조에 국토인프라에 대한 국가의 의무를 명시해놓은 것으로 추정됩니다. 건설은 국민 생명과 생활보호를 위한 국가의 의무와 책임을 위탁받는 산업입니다. 건설은 쾌적하고 안전한 국토인프라 구축에 대한 책임 의식을 가져야 합니다. 「헌법」과 국가가 위탁한 임무보다 산업의 발전을 우선시하면 국민으로부터 외면받는 산업으로 추락하는 것은 부인하기 어려운 현실입니다. 부정적인 이미지와 함께 어렵고 힘든 직업이라는 이유로 유능한 청년층이 시장 진입을 기피하는 현상이 증가하고 있는 것이 한국건설의 현실입니다. 한국건설의 현실은 더 이상 방치하기 힘든 수준에 와 있습니다. 건설환경종합연구소는 사회가 서울대학교에 요구하는 국가 사명과 책임을 다하기 위해 국내 최초로 한국건설의 새로운 생태계 구축 주문서를 연구총서로 발간하게 됐습니다. 새롭게 출범한 윤석열 정부가 내세운 국정목표 2에 '민간이 끌고 정부가 미는 역동적 경제시스템' 구축도 본 연구총서에서 요구하는 민간이 주도하는 대국민약속을 촉구하는 면에서 맥을 같이하고 있습니다.

지금 세계는 제4차 산업혁명, 인공지능과 융합기술 등 새로운 산업과 기술이 대세인 디지털 시대로 빠르게 확산되고, 산업과 산업, 기술과 기술의 경계선이 붕괴되고 있습니다. 1958년에 제정된 아날로그 기반의 법과 제도가 지배하는 한국건설의 현 생태계는 더 이상 유지하기 힘들게 됐습니다. 최근에 잇달아 발생한 건설 현장의 인명사고는 환경 변화를 읽지 못했거나 공학 기술의 중요성을 간과했던 탓이 컸던 것으로 추정됩니다. 국민의 눈높이를 외면하고 공학 기술의 역할과 책임을 무시했던 탓으로 보고 있습니다. 국민을 보호해야 할 사명보다 산업체의 이익을 우선시 한 것은 간과할 수 없는 산업계와 기술자의 책임입니다. 선진국에 비해 낮은 생산성과 5~10배나 많은 건설 현장의 인명사고는 기존 생태계로는 해결하기 힘든 과제입니다.

글로벌 환경 변화와 속도는 미래 예측을 불가능하게 만들었습니다. 불확실성이 일상화되는 뉴노멀(new nomal)시대입니다. 미래가 아무리 불확실하더라도, 산업체에게 있어 생존과 성장을 위한 경영과 기술전략 수립은 피할 수 없는 숙제입니다. 지금 위기에 처한 건설 산업은 미래 전략 수립을 위한 방향을 찾지 못한 채, 1년 미만의 단기간 대책으로 일관하고 있는 실정입니다. 서울대학교는 사회와 산업이 위기에 처했을 때 필요한 나침반 역할을 하도록 사명을 부여받았습니다. 이에 건설환경종합연구소는 간헐적 방향 제시보다 건설의 새로운 모습을 만들기 위한 체질 개선을 넘어 새로운 생태계 구축을 주문하기로 방향을 정했습니다.

건설환경종합연구소는 국가가 무엇인가를 해주기를 기다리는 산업에서, 국민과 국가 경제를 위해 무엇을 해줄 수 있는지를 먼저 약속하는 산업으로 탈바꿈하기를 기대하며 새로운 생태계 구축을 위한 설계를 구상했습니다. '90년대부터 현재까지 정부 주도로 8차례에 걸쳐 한국 건설의 당면과제를 해결하려는 대책이 수립되어 왔고 이러한 정책들은 '50년대에 만들어진 기존 생태계 유지를 전제로 수립되어 왔지만, 지속 되지 못한 채 단기 이벤트로 끝났습니다. 이 건설 혁신대책이 8차례에 걸쳐 수립되는 동안 산업계는 줄곧 방관자였습니다. 이에 본 주문서는 국민과 국가 경제를 위해 산업계가 주도적으로 나설 것을 제안하였습니다. 또한, 국내시장을 통해 양적 성장을 이룬 건설이 이제는 새로운 생 태계 구축을 통해 세계시장에서 질적·양적으로 성장하는 산업이 되길 촉구하기 위해 설계 주문서를 발간하기로 했습니다.

한국건설은 선진국을 모방하거나 복제하는 추격자 위치에서, 내재 된 잠재력을 활용하여 선진국을 넘어서기 위한 추월선에 서야 합니다. 그러나 현 생태계로는 소화하기 힘든 주문입니다. 국토인프라는 국가 가 포기할 수 없는 국민의 생활기반입니다. 국토인프라 구축 책임을 가 진 건설도 포기할 수 없습니다. 신생태계는 미래 세대에게 한국건설의 사명과 가치를 보여줄 수 있어야 합니다. 밝고 건강한 미래를 만들어가 는 모습을 보여주는 생태계가 되어야 합니다. 이것이 한국건설이 기피 대상이 아닌 진입 대상으로 탈바꿈하는 산업이 될 것을 주문하는 이유 입니다. 한국건설이 국민과 국가로부터 받아 왔던 혜택을 이제는 보답 해야 합니다. 동 연구소는 국가와 사회가 서울대학교에 요구하는 사명 이 나침반 역할임을 인식하면서, 본 연구총서 제4호가 한국건설을 새로 운 모습으로 재탄생하는 기폭제가 되기를 기대합니다.

서울대학교 건설환경종합연구소
소장 김호경 교수

한국경제는 2018년 전 세계에서 7번째로 인구 5천만 명, 국민 개인소득 3만 달러 '30-50' 클럽에 진입했다. 한국은 6·25전쟁으로 완전히 파괴된 국토와 국민소득 50달러 이하의 세계 최빈국에서 경제 성장 기적을 일으킨 국가다. 남한의 국토면적은 세계 211개국 중 중간이다. 그러나 GDP 규모는 세계 10위권이다. 세계경제포럼(WEF)은 경제 규모로 유의미한 141개국 가운데 국가경쟁력 순위를 13위로 평가했다. 한국경제는 누구도 예측하지 못했던 성장을 이룩했다. 20세기 최대 경제 성장 기적으로 불리는 한국경제는 건설을 통해 구축된 막강한 국토인프라가 대들보 역할을 했기 때문에 지속 성장이 가능했다. 한국건설의 역할이 국내보다 해외에서 훨씬 높은 가치를 평가받는 것도 이 때문이다.

경제 성장 과정에서 선진국과 선진기업의 기술을 모방하여 답습을 반복하는 패턴이 반복되었다. 한국건설은 더 이상 선진국과 선진기업의 기술을 모방하거나 복제하는 빠른 추격자로는 글로벌 시장에서 생존할 수 없는 처지로 위치가 바뀌었다. 추격자로서의 가치가 사라진 것이다. 건설은 과거 65년 동안 쌓았던 경험과 검증된 지식을 무기로 독자 생존의 길로 들어서야 한다. 건설의 독자 생존 길은 다른 국가나 산업이

갔던 길과는 다른 한국건설만이 내세울 수 있는 가치를 찾아내야 한다. 추격자의 길에서 선도자의 길을 만들어가는 것은 더 많은 시간과 노력이 필요하고 수많은 장애물을 넘어서야 한다. 쉽지 않은 길이지만 가야 할 길이다. 한국건설이 반드시 거쳐야 할 당연한 과정이기도 하다.

건설의 가치는 국민경제에서 차지하는 비중이나 세계시장에서 평가받는 가치보다 저평가되고 있다. 건설의 가치를 회복하는 길은 국민과 국가에 도움을 요청하기보다 건설이 국가와 국민에게 현재와 미래에 어떤 역할과 책임을 다할 것인지를 밝히는 절차가 선행되는 것이 바람직하다. 건설에는 정부와 산업이 공감하고 공유하는 건설을 대표하는 국가 차원의 비전과 목표가 없다. 대통령 중심제 국가에서 정부 임기에 맞춰 5년 단위로 정부가 작성하는, 부처별로 수립된 기본계획이 전부다. 건설의 역할이 중심이 되는 국토인프라 구축과 유지관리는 어느 한 정부 부처 소관이 될 수 없다. 5년 단위 기본계획은 지속성보다 5년이라는 시한부 성격이 강하다. 국가 차원에서 수립하고 실행해가야 할 건설의 비전과 목표가 없다는 현실을 외면하기에는 청년과 미래 세대에게 너무 큰 부담을 전가하는 책임 회피다. 한국건설의 비전과 목표 설정을 주문하는 가장 큰 이유이기도 하다. 대학은 당장의 현안 해결을 위한 인재양성 목표에 머물러서는 안 된다. 청년 세대에게 현실을 인지하게 만들어 주고 국가와 사회에서 어떤 역할을 해야 하는지를 보여주고 길을 만들어가는 데 필요한 지식을 심어줘야 한다. 이는 대학교 부설연구소 나름의 역할로도 인식한다.

미래를 설계하는 주문을 대학이 아닌 한국건설에 하는 이유는 대학이 당사자가 되어서도 안 되고 될 수도 없기 때문이다. 대학은 미래에 대한 혜안을 제시해주고 필요한 양질의 인재를 길러내는 역할과 책임이 핵심이다. 본 건설환경종합연구소는 건설이 가진 내재적 잠재가치를 활성화한다면 세계 어떤 국가나 산업보다 국민경제 발전과 청년의 일자리 창출을 주도할 수 있다고 확신한다. 본 미래 설계 주문서를 내놓는 이유도 한국건설의 잠재적 가치가 어떤 국가나 산업보다 높다고 판단하기 때문이다. 이 주문서에 담겨 있는 내용을 산업과 정부, 그리고 건설 기술자가 이해하고 공감할 것으로 예상한다. 비전과 목표, 그리고 전략 실행을 통해 한국건설의 밝은 내일의 모습에 희망을 걸며 산업의 역동적 움직임을 기대해 본다. 한국건설은 세계나 한국경제가 어려울 때 불씨를 살리는 촉매 역할을 해왔다. 과거 기대에 머물지 않고 현재와 미래 세대들에게 꿈과 희망을 만들어줄 수 있다는 확신이 섰기 때문에 주문서를 작성하게 됐다.

비전과 목표가 완성되는 2050년이면 한국건설은 체격은 건강하고 머리는 지혜와 지식으로 무장된 강력한 산업이 될 것으로 확신한다. 2050년이면 세계 건설시장의 최강자가 되기에 충분한 시간이다. 건설이 한국경제를 대표하는 글로벌 챔피언 산업이 되어 청년의 일터 제공은 물론 새로운 일자리를 만들어내는 인큐베이터 산업이 될 것으로 믿는다. 건설의 경쟁력이 곧 국가경쟁력이다. 2050년 비전과 목표 설계 주문은 단순한 목소리가 아닌 미래 세대를 위한 건설의 사명과 책임을 재확인시키기 위한 혁신 운동의 출발점이다.

차례

제1부

한국건설 생태계

현안과 미래 선택

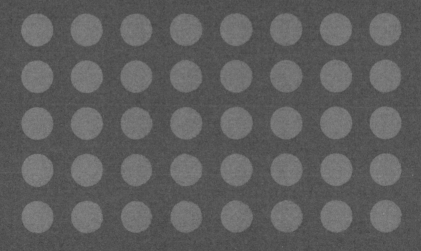

세계는 제4차 산업혁명 시대에 살아남기 위해
산업과 기술혁신 운동을 끊임없이 펼치고 있다.
한국건설은 1950년대 제도와 산업 프레임의
울타리에 갇혀 있다.

낡은 기술과 고착된 한국건설의 생태계는 국민
과 국가경제의 미래를 어둡게 만들고 있다.

산업과 기술 간 경계선이 무너진 무한 경쟁 무
대로 변한 글로벌 시장에서 생존하기 위해서는
한국식 갈라파고스섬에서 탈출해야 한다. 한국
건설은 급변하는 산업과 기술, 수요자 눈높이를
더 이상 외면할 수 없는 벼랑 끝에 서 있다.

01

한국건설 생태계 현안 및 개선 과제

국토인프라 구축과 건설의 역할

제1차 경제개발계획 출범 원년이었던 1962년 당시, 국민 1인당 GDP는 100달러 미만으로 세계 최저 빈국이었다. 2018년 기준으로 한국경제는 소득 수준 3만 불, 인구수 5천만 명인 '30-50' 클럽에 진입했다. 우리나라는 선진국 클럽으로 불리는 경제협력개발기구(OECD)에 1996년 10월에 가입했다. 유엔무역개발회의(UNCTAD)는 2021년에 한국의 지위를 '개발도상국'에서 '선진국' 그룹으로 변경했다. 최빈국에서 선진국 대열에 진입하기까지, 한국경제는 한강의 기적으로 불릴 만큼 누구도 상상하지 못했던 경제 성장이 있었다. 이러한 기적적인 경제 성장이 가능했던 배경으로는 교통과 수자원, 전력 에너지는 물론 주거 등 국토인프라의 구축을 들 수 있다. 세계경제포럼이 매년 발표하는 140여 개 주요국의 글로벌 경쟁력 비교에서 한국의 종합경쟁력을 13위로 평가했다(2019년 기준).[1]

---

1   WEF(2019), The Global Competitiveness Report 2019~2020, pp. 322-323.

국토인프라의 축적도 비교에서는 6위(환산점수 92점)로 국가경쟁력보다 7단계나 높게 평가했다. 이를 통해 국가 경제 성장에 국토인프라 구축이 얼마만큼 기여했는지를 확인할 수 있다.

국토인프라 축적도는 국가별 상대비교에서 상당히 높게 평가되는 반면, 국민이 실생활에서 체감하는 충족도 지수는 만족할 만한 수준에 이르지 못한다. 국가별로 국토인프라 축적도가 어느 수준에 이르러야 만족하는지에 대한 객관적인 기준은 아직 존재하지 않는다. 다만 국토인프라에 대한 충족도는 해당 국가의 국내총생산(GDP, 경제총량)과 국민총소득(GNI)과 직접적인 관계가 있을 것으로 추정된다. 국가통계포털을 통해 북한 인프라 실태를 개략적으로 파악한 결과 북한의 면적은 대한민국보다 1.23배, 경제총량은 대한민국의 1.8%이며 국민의 개인소득은 대한민국의 3.7%에 불과하다.[2] 도로 길이는 대한민국의 23.2%이지만 도로 교통 개선에 대한 수요는 대한민국보다 높지 않음을 확인할 수 있었다. 국토인프라에 대한 기댓값이 높지 않기 때문이기도 하지만 탈북자를 통해 제한된 정보를 기준으로 한 추정이라는 한계에도 불구하고 국가경제 여력 부족 때문으로 해석된다.[3] 이에 반해 북한 지역보다 도로 총량이 4.3배나 많은, 인구 5만 명 이상 도시에 거주하는 국민의 교통인프라 체감지수는 86.82(환산점수)로[4] 세계경제포럼이 평가한 92점보다 훨씬 낮은 것이다. 국가의 경제 여력과 국민 개인소득이 높아

---

2 국가통계포털, https://kosis.kr, 2022.2.22. 기준
3 서울대학교 건설환경종합연구소(2020), 통일한반도 국토인프라 구축의 최적화 정책 및 전략 제안, 서울대학교 통일평화연구원 지원, pp. 17-19.
4 서울대학교 산학협력단(2020), 국민인프라 서비스 측정지표 적정성 검토 및 활용방안 연구, 한국건설기술연구원 지원

질수록 교통인프라에 대한 요구 수준이 올라감을 실증적으로 보여주는 것으로 해석된다. 「헌법」 제35조 ③항이 국가와 건설에 명령한 쾌적한 주거생활 환경 구축 요건을 제대로 충족시키지 못하고 있는 현실이다.

경제 성장 과정에서 국토인프라 구축은 경제 발전을 위한 산업 수요에 초점을 맞춘 양적 공급에 있었다. 양적 충족도가 세계경제포럼의 비교 평가처럼 높은 수준에 도달하면서 국민의 생활인프라로 무게 중심이 변하기 시작했다. 서울대학교 산학협력단(연구 주체: 건설환경종합연구소)이 거주 인구 5만 명 이상 도시의 시민을 대상으로 체감도를 설문 조사한 결과 국민은 양적 충족도보다 질적 수요 충족을 더 중요시하고 있음을 확인했다. 국가 및 건설의 역할도 그동안의 양적 구축 일변도에서 질적 수요를 만족시키는 방향으로 전환이 필요하다는 사실을 확인했다. 그렇기 때문에 더욱더 기존 생태계 자체에 대한 혁신적 변화가 필요하다는 결론에 도달했다.

한국건설의 국민경제 위상

국내 경제에서 건설이 차지하는 비중은 다른 나라보다 비중이 높을 뿐만 아니라 국내에서도 타 산업과 비교해서도 높은 편이다. 이는 1962년부터 시작된 제1차 경제개발 5개년 계획에서 시작된 대규모 국토인프라 구축 사업 덕분으로 해석된다. 2020년 기준 국내총생산에서 건설이 차지하는 비중은 5.9%로 높은 편이다.[5] 2020년 기준 한국의 실질금액 기준 비금융자산은 138,551,884억 원이다. 이 중 건설자산은 49,234,974

---

5   통계청, http://kosis.kr, 2020. 12. 31. 기준

억 원으로 비금융자산의 35.5%에 이를 정도로 비중이 높다. 전체 일자리 수 24,725,000개 중 건설의 일자리가 2,026,000개로 20대 산업 분류 중 제조업과 보건·복지서비스업을 제외하고서 8.2%로 가장 큰 비중을 차지한다.[6] 국민경제에서 건설이 차지하는 외형적 비중이 타 산업과 비교해 높다는 사실은 정부의 공식 통계로도 충분히 설명이 가능하다.

긍정보다 부정이 강한 국민의 건설 이미지

대한민국 정부 수립 60주년을 맞이하여 국내 한 경제지[7]가 "한국경제를 바꾼 위대한 순간"에 관하여 일반 국민을 대상으로 설문조사를 시행하여 한국경제 성장을 성공시키는 데 결정적인 기여를 한 5大 이슈를 선정하도록 했다. 국민 5명 중 1명이 1970년에 개통한 경부고속도로(20.1%), 서울올림픽과 월드컵 개최(19.8%) 등 2개를 지목했다. 1, 2위 모두 건설의 힘으로 구축된 것이다. 그러나 건설이 기여한 역할과 산업이 차지하는 비중의 크기에도 불구하고 국민이 건설에 대하여 가지고 있는 이미지는 긍정보다 부정적인 측면이 강하다. 국민 10명 중 9명이 건설의 이미지 혁신이 필요하다는 생각을 하고 있다.[8] 국민은 건설을 3D(Dirty, Difficult, Dangerous) 업종으로 인식하고 있다. 국민 4명 중 3명(75.6%)은 건축 및 건설에서 부정·부패가 심각하다고 생각하고 있는 것으로 조사되고 있다.[9] 이러한 국민의 인식과는 달리, 동일한 설

---

6 통계청(2022), 2020년 기준 건설업조사 결과 중 산업분류별 일자리 통계
7 한경비지니스(2008), 한국경제를 바꾼 위대한 순간 베스트 5, 2008.8.18., p.38.
8 최은정(2020), 건설업 이미지 현황 및 개선 방안, 한국건설산업연구원 건설이슈포커스, pp. 7-8.

문조사에서 건설업 종사자들은 부정 청탁과 뇌물수수를 한 적이 없다는 응답을 한 것으로 조사되었다. 즉, 국민과 건설 생태계 사이에 큰 괴리가 발생하고 있음이 확인됐다. 세계경제포럼(WEF)이 국가 간 부패인지도 조사 및 평가에서 한국의 지수를 57점으로 낮게 평가했다.[10] 부패가 낮은 것으로 인식되는 덴마크의 87점과 30점 이상 차이가 벌어져 있다. 물론 건설을 포함한 사회 전반에 대한 부패 정도를 상대적으로 측정한 결과라고는 하지만, 국내 건설을 대표적인 3不(부실·부정·부패)로 폄하되는 현실을 고려하면 국내 평균보다는 높을 것으로 판단된다. 국민 뇌리에 뿌리 깊게 자리 잡은 부정적 이미지를 혁신하기 위한 길은 개선보다는 혁신, 혁신보다는 건설의 프레임 개혁, 즉 신생태계 구축을 국민에게 약속하는 것이 더 확실하고 빠른 길로 판단된다.

규제가 또 다른 규제를 양산시키는 건설 생태계

우리나라는 대표적인 '포지티브(positive) 법' 국가다. 법에서 시작하여 법으로 끝나는 국가다. 법에 언급되지 않은 기술은 공공사업에 적용하기 불가능한 구조다. 역대 대통령 선거 운동 과정에서 빠지지 않고 등장하는 단골 메뉴가 '규제 완화'였다. 선거 공약과 다르게 폐지되는 규제보다 신설되는 규제가 훨씬 많았다. 국내 건설 관련 규제법은 타 산업보다 월등하게 많다. 건설 관련법의 역할이 'input(요구) → process

9   한국행정연구원(2021), 정부 부문 부패실태에 관한 연구, 대한전문건설신문, 2021.12.27. 재인용

10 WEF(2020), The Global Competitiveness Report(How Countries are Performing on the Road to Recover, special edition 2020), p.15.

(실행) → output(성과)' 전반에 걸쳐 있다. 선진국의 경우 법은 요구(입구)와 결과(출구)에 집중되어 있으며 실행은 산업이 역할과 책임을 갖고 있어 그 역할 분담이 뚜렷하다. 당연히 법과 제도가 가볍다. 한국건설의 경우 산업의 몫까지 법과 제도에 포함되어 있기 때문에[11] 규제가 심화되는 구조다. 과다 규제로 인해 계약조건과 시방서보다 법이 우선시되는 모순은 국내와 해외시장 사이에 호환성이 상실되는 주원인을 제공하는 걸림돌이 되고 있다.

법과 제도가 강화될수록 산업체의 기술 기반 역량이 힘을 잃게 된다. 예를 들어 최근에 건설 현장 안전사고 관련법이 양산되는 것과 무관하지 않다. 근로자 안전과 건강을 보호하기 위해 「산업안전보건법」이 제정되어 있다. 국제 보편적 법과 상통되는 법이다. 산업재해가 지속적으로 발생하자 국회 주도로 「중대재해처벌법」을 제정하여 2022년 1월부터 발효시켰다. 이에 예방보다 사후 처리와 개인과 산업체 처벌에 중점을 뒀다는 비판이 일어났다. 건설 현장에서 발생하는 '사망만인율'이 영국보다 10배 이상 높고[12] 스위스보다는 30배나 높다.[13] 국토교통부는 건설 현장에서 발생하는 인명사망율이 전체 산업 평균보다 3.2배나 높다는 사실을 고려하여 2022년부터 「건설안전특별법(가칭)」 제정을 국회에 제출하기도 했다.[14] 건설 현장에서 발생하는 인명사고를 법과 제

---

11 대표적인 예로 「건설산업기본법」과 「건설기술진흥법」에 발주예정금액 규모별 최소인력 배치 기준이 명시되어 있음

12 대한토목학회(2019), 건설현장 사고 저감을 위한 제언, 이슈페이퍼 제19호, 2019.10.

13 Frank Frickmann 외 6인(2012), 782 consecutive construction work accidents: who is at risk?

14 국토교통부(2022), 국토교통 주요정책 추진방향, 국토부장관 조찬강연 자료에서 발췌, 2022.1.26.

도로 '제로'를 만들 수 없다는 사실을 정부와 산업계 모두 공감하고 있다. 그럼에도 불구하고 건설 현장의 안전사고 빈도와 크기를 낮추기 위해 상기 3법을 추진하는 나름의 이유가 있다. 법과 제도의 한계성을 알고 있음에도 불구하고 산업체가 국민의 불안을 불식시킬 별다른 대책을 내놓지 않기 때문이다. 산업체는 「중대재해처벌법」을 예방 중심으로 개정해달라 요구하고 있다. 이 요청이 또 다른 규제를 만드는 결과로 이어지게 된다. 규제가 또 다른 규제를 만들어내는 악순환에 빠져드는 것이다. 산업체가 규제 완화를 요청하면서도 산업체가 당연히 해야 할 실행의 역할과 책임을 다하지 않는 모순이 있다.

2022년 1월 11일 광주 지역 화정아파트 공사 중 붕괴사고로 인해 6명의 근로자가 목숨을 잃었고 건설에 대한 국민들의 부정적인 인식을 더 깊게 만들었다. 2016년 일본에서 발생했던 아파트 부등침하로 인한 부실 공사 파문[15]을 산업체 주도로 해결한 것과는 완전히 대조되는 부문이다. 안전사고를 예방하는 접근에서 한국은 법과 제도에 기대는 반면 일본은 산업체 주도로 이뤄진다는 차이가 드러난 것이다. 규제 완화를 주장하기에 앞서 산업체의 당연한 역할과 책임을 다하는 새로운 건설 생태계 구축을 통해 건설의 이미지를 혁신하는 길이 가장 확실하다는 판단이다.

---

15 Takashi Kaneta(2017), The Rold of Project Manager in Construction Projects, and The Case Study of Project Management Failure in Japan(The 2017 International Conference of Construction Project Delivery Methods and Quality Ensuring System, November 17&18, 2017 at Ritsumeikan University Osaka Ibaraki Campus)

매력을 잃어버린 건설의 일자리

2010년대에 접어들면서 건설 일자리 매력이 급격하게 감소하는 현상이 발생했다. 고등학교를 졸업하는 청년 세대가 매년 11~12월에 발표되는 당해 연도 수능시험 성적과 대학의 건설 관련 학부 합격 가능 점수대를 저울질하는 수험 현장 보도가 등장한다. 공과대학에서도 우수한 성적을 가진 신입생이 진학하기를 원하지만 결과는 언제나 실망스럽다는 뉴스가 대부분이다. 청년 세대에게 건설이 좋은 일자리로 비치지 않기 때문이다. 일본의 예를 들어 건설에 대한 일자리 매력을 유추해 본다.[16] 그들은 일자리 선택 시 건설산업을 기피하는 첫 번째 이유로 '위험성'을 꼽았다. 다음으로 근로시간이 길고 임금이 낮기 때문이라는 조사가 나왔다. 자녀에게 건설 산업에 취업을 권하지 않겠다는 응답률이 50%, 그중에서도 전혀 권하고 싶지 않다는 응답이 19%나 될 정도로 높다. 안정된 직장으로 알려진 일본에서조차 건설이 취업 기피 대상에 포함된 이러한 현실은 국내와 크게 다르지 않을 것으로 예상된다.

「헌법」이 명시한 건설의 역할과 책임보다는 당장의 먹거리로 인식하는 산업체에게 개선의 여지가 많은 것으로 판단된다. 국민 생명과 안전, 그리고 삶의 쾌적성 확보를 내세우기보다 투자와 투자 촉진을 위한 규제 완화를 공약으로 삼는 일변도가 제20대 대통령 선거에도 어김없이 등장했다. 한국건설을 대표하는 대한건설협회와 한국건설산업연구원이 공동으로 대선 선거본부에 제출한 정책과제 건의서[17]에 고스란히 나

---

16 최은정(2020), 건설업 이미지 현황 및 개선 방안, 한국건설산업연구원 건설이슈포커스, p. 17.

17 대한건설협회·한국건설산업연구원(2021), 건설 및 주택 부문 새 정부의 정책 과제

타나 있다. 건설 및 주택 부문을 겨냥한 "새 정부의 정책과제"에서 총 34개 국정과제를 제시했다. 34개 과제 중 18개(약 53%)가 건설투자 확대와 연관되어 있고 투자 촉진을 위한 제도 개선이 11개(약 32%)가 들어 있다. 이 중 부동산 시장 관련 과제가 9개로 건설보다 압도적으로 많다. 34개 과제 중 산업체의 역할과 책임 관련 과제가 보이지 않는 것도 한국 건설의 매력을 떨어뜨리고 있는 원인 중 하나로 지적할 수밖에 없다. 건설산업 자체의 노력보다 법과 제도에 의존하려는 경향이 더 심화되고 있어 건설이 시장으로서의 매력을 더 잃어가고 있다는 추론이다. 법과 제도, 정부가 건설산업의 매력을 선도하여 높여줄 수 없기 때문이다.

딜레마에 빠진 전통적인 건설과 기술 생태계

세계는 2016년 다보스 포럼에서 제기된 제4차 산업혁명 시대 진입 논란과 더불어 다양한 변화 시대로 접어들었다. 진실 논란보다 방향과 전략 논란이 핵심이었다. 소득 및 기술 수준에 따라 국가별로 큰 차이가 나타나는 것도 엄연한 현실이다. 미국은 'Digital Transformation' 시대를 선언했고 독일은 'Industry 4.0' 시대를 선언했다. 미국은 정보 혁명에서 디지털로 탈바꿈, 즉 정보 수립 및 축적과 분석에서 정보 혁명을 넘어 가공을 통해 사회와 생산시스템 자체를 탈바꿈시키는 시대로의 진입을 선언했다. 이는 모든 게 연결되면 조각으로 분산된 생산 주체의 시간과 공간 차이를 없앨 수 있다는 확신을 기반으로 하고 있다. 독일의 경우 미국의 전략과 차이가 있지만, 자국의 강한 제조업의 완전한 통합을 통해 자동화 목표를 달성하겠다는 전략이다.

선진국의 산업계는 신흥국에 인건비를 이유로 생산 공장을 이전했던 과거 패러다임에서 벗어나 자국으로 유턴하기 시삭했나. 두입 요소인 기능 인력은 기계화·자동화를 통해 줄이고 생산관리 측 요소는 기계 장치나 시스템을 관리하는 인공지능으로 대체하여 기술자마저 최소화해 생산 가격을 획기적으로 낮추면 고임금 문제에 충분히 경쟁력이 있다는 확신 때문이다. 미국이나 독일에서 생산성이 높아짐에 따라 자국으로의 유턴이 급물살을 타는 이유는 분명한 근거가 있다. 전통적으로 물리적 혁신(physical transformation)에 매몰되었던 과거 패러다임이 정보와 통신 기술을 접목한 사이버 공간 융합기술로 탈바꿈되고 있기 때문이다.

비교적 신기술 접목이 더딘 건설도 예외가 아니다. 흔히 건설의 속성은 다양하고 분산된 이해당사자들로 인해 중심을 잡기 어렵다는 것으로 이해되고 있었다. 또한 건설의 가장 큰 속성으로서, 현장 공사 중심의 한시적 프로젝트 성격이 강한 점으로 인해 새로운 기술을 접목할 수 있는 연속적인 프로젝트가 보장되지 못하였기 때문에 신기술 개발에 있어 소극적인 태도는 당연시되어왔다. 생산 주체와 장소가 파편화되고 분산되어 시간과 공간의 제약을 받을 수밖에 없어 'value chain'을 관리하기 불가능하다고 인식했다. 건설 현장이라는 속성은 기후와 지형, 지질과 지진 등 자연환경으로부터 종속될 수밖에 없다는 현실을 받아들이고 순종적으로 따라왔다. 프로젝트 성격, 즉 시작과 끝이 명확한 속성으로 인해 업무량 관리나 예측이 어렵기 때문에 기술자나 기능인을 상시 보유하기를 기피해왔다. 이로 인해 건설은 불안정한 노동시장의 대표적인 산업으로 지적받아 왔다. 더구나 대부분의 건설 상품은 투자는 대규모, 생산기간은 장기간이지만 투자비 회수는 다른 어떤 산업보다 길어 투자 매력도에서 거의 바닥 수준의 고위험 상품(high risk product)으로 분류되어 금융권으로부터 외면받아 왔다. 최근 건설의 전통적인 한계를 넘어 새로운 시도를 하는 유니콘 기업[18]이 나타나기 시작했다. 미국 실리콘밸리에서 창업한 대표적인 스타트업 기업인 프로코어(Procore)는 건설이 지니고 있었던 본질적인 한계를 넘어섰다.[19] 가능성을 보인 것이다. 아직 소규모 주택이나 소규모 건설 현장에 국한된 사업 영역을 거대 프로젝트로 확장한다면 성장 가능성이 무한대에 가깝다는 추정이다.

건설이 전통적으로 가졌던 속성 자체가 급속도로 파괴되고 있다. 나날이 등장하는 새로운 기술은 건설이 가진 속성 전체를 변화시키고 있다. 정보통신기술(ICT)과의 접목 단계에서는 파편화되고 공간적으로 분산된 생산 주체를 이어주는 수준, 즉 통합(integration) 단계에 머물렀지만, 사물인터넷(IoT), 기계화를 넘은 자동화(automation), 사전조립과 모듈공법(modularization), 인공지능(AI) 등이 건설기술 시장에 진입하면서 생산 프로세스와 방법 자체를 변화시켜 전혀 다른 새로운 기술을 만들어내기 시작했다. 3D 프린팅 기술 도입은 아직 초기 단계이지만 개인 주택이나 오피스 건물에서 소규모 교량까지 확대될 것으로 예상된다. 건설 현장의 자동화와 모듈공법, 인공지능이 보편적인 인공지능으로 발전할 경우,[20] 기존의 생산구조와 상당한 괴리가 발생할 수밖에 없다. 아날로그 건설의 시대가 되돌아오지 않는다는 의미다. 전통적인 생태계가 완전히 다른 디지털 건설시대로 전환되기 위해서 생태계 자체를 혁신해야 할 시점에 와 있는 것이다.

---

18 스타트업에서 출발하여 최단기간에 기업가치가 10억 달러를 넘어선 기업을 말함
19 https://www.procore.com
20 유기윤 외 2인(2017), 『2050 미래 사회 보고서』, 라온북

글로벌 환경 변화를 거부하는 한국건설의 울타리

1958년에 제정된「건설업법」은 현재까지 유지되고 있다. 생산체계가 더 이상 유지될 수 없는 상황에 도달해 있다. 배타적 업역으로 만들어졌던 생산구조가 타 산업과의 융합구조로 변할 수밖에 없다.「건설산업기본법」에 명시된 건설업의 정의가 건설공사, 즉 프로젝트 중심에서 비즈니스 중심으로 영역이 확대될 수밖에 없다. 도급 중심의 건설공사에서 시장과 상품 창출 중심의 건설 비지니스로 이미 속성 자체의 변화가 시작되었다. 건설이란 업역이 개별 사업 혹은 공사에서 필요했던 전문기술의 영역도 광범위해질 수밖에 없다. 국내 건설이 새로운 변화에 대응하지 못할 경우, 현재까지 반복되어왔던 정부 주도의 건설 비전과 목표, 그리고 전략이 더 이상 유효하지 않게 될 것이다. 현재의 모습으로는 글로벌 시장에서 생존할 수 없을 뿐만 아니라 내수시장에서조차 3D 산업으로 전락하리라는 것이 지금 한국건설의 참모습이다. 건설이 국가나 정부, 국민이 포기할 수 없는 산업이라면 혁신을 통해 국가와 국민에게 가치를 보여줄 수밖에 없다는 결론에 도달하게 된다. 미국의 클린턴 정부는 21세기에도 미국이 전 세계 경제와 사회, 기술에서 주도권을 유지하기 위해 2년간의 연구를 위한 특별위원회를 대통령 직속으로 설치했다. 2년간에 걸친 심층적인 연구를 통해 내린 결론은 건설은 국가가 선택이나 포기할 수 있는 산업이 아니라는 것이다. 국민과 국가가 존재하는 한 선택의 여지가 없다는 것이다. 이는 1995년 11월 클린턴 정부에서 국가차원의 건설목표(national construction goal)[21]를 발표했던 배경

---

21 US National Institute of Standards and Technology(1995), White Papers Prepared for the White House-Construction Industry Workshop on National Construction Goals(NISTIR 5610)

이 되었다. 국가와 국민 그리고 청년 세대에게 한국건설이 보여줄 수 있는 모습을 만들어가기 위해서 새로운 비전과 목표, 달성해야 할 전략의 개발이 절실하다는 결론에 도달할 수밖에 없다.

한국건설을 어느 방향으로 이끌어갈 것인지를 주문하거나 조언하는 리더그룹이 보이지 않는다. 수평적으로 분산된 배타적 업역 혹은 영업 범위, 수직으로 분할된 원·하도급 생산구조에 혁신이 필요하다는 사실은 공감이 이뤄지면서도, 이해당사자 간의 다툼으로 수십 년간 갑론을박 논쟁만 되풀이되고 있다. 내수시장은 국토인프라에 대한 신규 투자보다 사용 중인 노후화된 인프라의 안전과 성능 향상, 편의성과 사용자인 국민의 눈높이에 따라 품질을 높이는 데 국민의 관심이 이동하기 시작했다. 신규 투자 혹은 성능과 품질, 그리고 국민 안전을 위해 개조나 재건설 시에 적용되는 기술기준과 표준이 국민의 눈높이를 만족시키는 방향으로 혁신되어야 한다는 주장은 오래전부터 제기되어 왔다. 신규 인프라 투자로 성장 일변도에 익숙해져 있었던 국내 산업계는 아직 내수시장 침체가 일회성이 아니라는 사실을 제대로 인식하지 못했다. 인식 자체를 거부하고 있다고 보는 게 더 정확한 표현이다. 내수시장 침체를 해외시장에서 찾아야 한다는 공감대가 형성되었는데, 이에 공감은 하지만 한국건설이 해외시장에서 선진기업에 비해 비교 우위를 가졌던 가성비 경쟁력의 유효성이 상실된 것도 사실이다. 한국건설은 이를 알고 있으면서도, 역량 강화를 위한 투자와 노력 그리고 시간을 투입하는 데 인색했다. 한국건설의 현재 모습은 마치 환자가 병원에서 수명연장을 위해 침대에 누워 링거액을 맞고 있는 것과 같다. 링거액으로 잠시 버틸 수는 있겠지만, 이로써 글로벌 시장에서 경쟁하는 데 필수적인 체력과 체질 강화는 불가능하다.

기술 자립 시대에서는 선진국과 선진기업을 따라 하거나 혹은 복제하는 것으로 가성비 경쟁을 통해 버틸 수 있었다. 우리의 성실하고 부지런한 근성은 추격자 위치에서는 그 가치가 발휘되었다. 당시에 기술력을 가늠하는 유일한 잣대는 선진국 혹은 외국 기술자가 수행하는 역할을 국내 기술자가 대체할 수 있는지였다. 추격자 위치에서 기술의 절대가치를 '자력으로 할 수 있는지 아닌지'에 두었다. 경제 발전으로 소득 수준이 세계인이 부러워하는 수준으로 올랐고 반도체와 자동차, 조선 기술은 선진국과 경쟁하면서 글로벌 시장을 주도하는 수준으로 올라섰다. 글로벌 경쟁시대는 무한경쟁으로 가성비 기반이 아닌 기술 경쟁이 본질이다. 복제 기술 혹은 모방 기술로는 신흥국과 경쟁이 불가능하다. 기술자립 시대에는 유효했던 기술의 절대가치가 글로벌 경쟁시대에 돌입하면서 상대가치로 변한 것이다. '자력으로 할 수 있는지'에서 '경쟁자보다 더 잘할 수 있는지'라는 상대비교의 무대로 전환된 것이다. 한강의 기적으로 불리는 한국경제 성장의 비결은 선진국이 걸어갔던 정책 및 제도의 길을 그대로 답습한 덕분이 아니었다. 한국 고유의 국가 전략과 정책을 개발했고 실행했기 때문에 가능했다. 한국건설도 예외가 될 수 없다. 독자적인 기술과 전략, 한국 고유의 독창적인 상품 기술을 보유해야 한다. 추격자가 아닌 선도자로 나서야 지속가능한 성장이 가능하다는 것이다.

풍부한 인프라 구축 실적과 경험, 빈약한 국가대표 건설기술

1962년 제1차 경제개발 5개년 실행 원년 이후 2021년 12월 현재까지, 한국은 막대한 국토인프라 구축을 이어 왔다. 국내 건설이 구축한 주요 인프라 시설물은 교량 32,896개소, 터널 4,933개소, 상하수도

2,192선, 건물 103,409동이다.[22] 한국건설이 1965년 첫 해외 진출에서부터 2021년 12월까지 총 수주한 실적은 국가 수 158국, 누계 건수 14,719건, 누계 금액은 8,996억 달러를 넘는다.[23] 세계경제포럼(WEF)의 국가별 비교에서 한국의 국토인프라 축적도의 순위를 세계 6위로 평가하였고,[24] 이는 경제력 순위 13위보다 높게 평가될 정도로 상대적으로 높다. 이러한 풍부한 실적에 비해, 국가대표 건설기술은 미미할 뿐아니라 건설 스스로 기술 수준을 낮게 평가하고 있다.[25] 양적 경험과 무관하게 질적 수준의 기술 고도화는 세계 최고 수준에 올라설 수 있는 가능성이 크다.

한국의 원전 건설 실적은 국내 26기, 해외 4기 등 총 30기다. 그럼에도 불구하고 한국원전 건설기술은 세계 최고 수준으로 인정받고 있다. 한국원전 기술은 2009년 12월의 아랍에미리트공화국(UAE) 바라카원전 건설의 주계약자로 최종 선정됨에 따라 세계 최고 수준에 도달했음을 국제사회에 각인시켰다. 세계 각국에서 신규 원전을 건설하기 위한 국제입찰에서 한국원전은 입찰자 제한명부(short list)에 단골로 오른다. 원전 기술의 종주국인 미국도 원전건설을 재개하면서 한국원전 기술과 협력을 요청해올 정도로 수준이 높게 평가된다.[26] 풍부한 국토인프라 구축 실적과 경험에도 불구하고 해외시장에서 국가대표 건설기술이 부각되지 못하는 것은 기술 정책과 전략 모두에 개선의 여지가 많음

---

22 시설물통합정보관리시스템, www.fms.or.kr, 2022.2.24. 기준 통계자료 발췌

23 한국해외건설협회, www.icak.or.kr, 2022.1.12. 기준 통계자료 발췌

24 WEF(2019), The Global Competitiveness Report 2018-2019

25 국토해양부(2012), 제5차 건설기술진흥기본계획(2013-2017)

26 한국경제(2021), 현대건설, SMR(소형 모듈 원자로) 사업 본격 진출(A15면 보도), 2021. 11.24.

을 강하게 시사해주는 것이다. 거의 무한대인 글로벌 인프라 구축 시장에서 한국건설에 잠재된 역량을 서비스 상품으로 연결하기 위해서는 지금의 건설 생태계를 과감하게 파괴하고 새로운 생태계 구축이 필요함을 시사하는 것이다.

만점 건설기술자는 과다, 글로벌 건설기술자는 부족

세계경제포럼(WEF)이 평가한 한국 인적자원의 글로벌 직무역량 순위는 27위(환산점수 74점)로[27] 국가경쟁력 13위(환산 79.6점)보다 14단계나 낮다. 글로벌 리딩기업들은 기술인의 직무역량을 4차원(역량, 시장, 직무, 직위)으로 평가하는 반면 국내 제도는 자격과 학·경력 등 2차원으로 평가한다. 투명성이라는 이유로 주관적 평가 잣대를 아예 배제해 버렸다. 수요자의 선택권을 제약한 셈이다. 국내 제도 기준으로[28] 건설기술자의 최고등급인 특급기술자 비중이 22.7%, 최고기술자로 대우받는 기술사 자격 취득자 비중이 5.5%에 이른다. 제도상으로 만점 건설기술자 비중이 3명 중 1명인 셈이다. 글로벌 선도 기업들이 인터넷을 통한 경력자 구인 광고에서 요구하는 직무역량 조건이, 서울대학교가 샘플로 구축한 국내외 전문가 Pool(국내 115명, 해외 100명)에서 만족되는지를 시뮬레이션한 결과,[29] 국내 만점 기술자인 특급 혹은 기술사 자격증 소지자는 단 1명도 부합하지 못했다. 그만큼 국내 건설기술

---

27 WEF(2019), The Global Competitiveness Report 2019-2020, pp. 322-323.

28 건설비전포럼(2021), 거시적 관점의 건설기술인 처우 개선방안, pp. 27-28.

29 이슬기(2021), 기술인 역량 진단 플랫폼(PECAP, professional engineer competency assessment platform) 구축 배경 및 목적 발표자료 발췌, 2021.2.1.

자의 직무역량이 낮거나 혹은 기존 제도에 개선의 여지가 크다는 것을 방증하는 것이다. 국내 제도가 글로벌 시장이 요구하는 직무역량을 충족시킬 수 없다는 추정이다. 건설기술자의 직무역량 평가 자체를 절대평가에서 상대평가로 전환하고 글로벌 시장이 요구하는 4차원의 직무 중심으로 혁신해야 함을 강하게 요구하고 있다. 다만 기존의 건설기술자 역량 평가 잣대로는 풀 수 없는 과제다. 따라서 건설기술자 및 전문가 양성을 글로벌 시장 수요에 맞추기 위해서 인력 양성 생태계 자체에 대한 대수술이 필요하다는 결론을 내릴 수밖에 없다.

02

한국건설 현 생태계의 지속가능성 예측

반복되는 혁신대책, 미해결 과제만 쌓여가는 혁신대책

건설에 대한 국가와 산업 차원의 개선 혹은 혁신은 1999년부터 2021년까지 모두 8차례에 걸쳐 반복되어 왔다.[30] 8차례 혁신 혹은 개선대책 수립의 공통점이 있다. 첫째, 산업 스스로 판단한 혁신의 필요성보다 사고나 부실시공, 생산원가 거품론 등 국민의 이미지 하락에 대한 대응책으로 촉발되었다는 점이다. 둘째, 혁신이나 개선대책이 5년 혹은 10년 내 완성되는 것으로 계획되었다. 셋째, 문제 제기는 범산업, 범정부 차원의 국가 아젠다로 모아졌지만, 개선을 위한 실행계획은 국토부 특정국에 집중되었다. 넷째, 제기된 혁신대책이 실행되는지에 대한 계량적 성과 평가가 전혀 구축되지 않았다는 점이다. 다섯째, 국가 아젠다에

---

30 ① 공공사업 효율화 종합대책(정부, 1999) ② 설계·감리 기술력 향상 종합대책(정부, 2000) ③ 건설공사 부실방지 종합대책(정부, 2000) ④ 한국건설비전2025(대한토목학회, 2001) ⑤ 건설산업선진화 전략(건설비전포럼, 2004) ⑥ 건설기술·건축문화 선진화 계획(정부, 2007) ⑦ 건설산업선진화 비전2020(정부, 2009) ⑧ 2030 건설산업비전(건설비전포럼, 2021)

준하는 총괄사령탑 역할을 할 수 있는 전담기구가 없었다.

8차례 혁신대책에 포함된 각종 개선안이나 실행계획은 대부분 미해결 과제로 축적되어 새로운 혁신대책 수립 시 또 다시 등장하였고, 국민에게 신뢰감을 주지 못했다. 산업의 반복되는 혁신대책으로 불신이 쌓여 혁신에 대한 피로감을 주어 일과 이벤트 행사로 남게 되었다. 혁신대책 수립 시 의도했던 목적이 다양한 이유로 인해 소멸되어 현재에 이르게 되었다. 국토부가 2018년부터 건설생산체계 혁신 정책의 연장선으로 구상했던 "한국건설 비전 2040"도 연구 종결 단계에서 "중장기 건설산업 발전방향 연구"[31]라는 연구보고서로 마무리되었다. 국가차원의 건설산업 혁신대책 혹은 비전과 목표 수립이 그만큼 어려운 과제라는 사실을 반증해주는 사례이기도 하다. 하지만 1994년부터 시작된 영국 건설산업 혁신대책이 2022년 현재까지도 지속되고 있는 사실을 보면 어려운 과제임은 사실이지만 지속가능하지 않다는 주장은 설득력이 없다.

비전과 목표, 혁신이나 개선대책 등을 제기하는 그룹과 이를 실행해야 하는 그룹 사이에 괴리가 보인다. 문제 제기는 제 3자 시각으로 제시 가능하지만 실행은 당사자가 되어야 가능하다. 과거에 실행된 대책 거의 전부가 당사자의 역할과 책임에서 벗어나 있었고 성과 평가에 대해 아무런 제재가 없어 독립적인 문서 형태로만 남아 있는 현실이다.

---

31 국토교통부(2021), 중장기 건설산업 발전방향 연구

당장의 현안 해결에 발목 잡힌 중장기 혁신대책

인류 사회는 정체가 아닌 변화를 통해 발전되어 왔다는 사실을 부정할 수 없다. 변화는 정체가 아닌 살아 움직이는 생명체다. 모든 생명체에게 수명이 있다. 정체는 곧 퇴보를 의미한다. 일상적인 변화는 점진적인 개선만으로 적응할 수 있다. 시간적 여유와 공간적 위치에만 영향을 미치는 변화는 개선만으로 충분히 치료할 수 있다. 그러나 21세기에 진입하면서부터 급격히 늘어난 변화와 빨라진 속도는 과거와 같은 현안 해결만으로는 생존할 수 없게 만들어 버렸다.

생존 환경이 변했음에도 불구하고, 개선 혹은 혁신대책은 현안 해결에만 중점을 두었다. 예를 들어 건설 현장에서 발생하는 인명사고를 줄이기 위한 「산업안전보건법」 강화와 함께 2022년 1월 27일부터 발효된 「중대재해처벌법」은 근본적인 처방보다는 당장의 법과 제도 강화 및 새로운 법 제정 등 단기 대책에만 몰입했다. 건설 현장에서 발생하는 인명사고는 공사비와 사고를 방지하기 위한 가시설과 공법설계 등과 직접적인 관계가 있음에도 불구하고, 국토부는 2022년 국정과제에 또 다른 「건설안전특별법(가칭)」 제정을 포함했다. 공사비는 「국가재정법」과 「국가계약법」과 직접적인 관계가 있다. 국토부 소관 밖에 있는 법과 제도다. 가시설과 공법설계는 현행 제도에서 설계엔지니어링의 역할과 책임으로 되어 있다. 글로벌 시장에서는 시공설계에 속해 건설공사 입찰 범위에 포함되어 있다. 국내 제도로는 엔지니어링의 관할 부처인 과기부의 「엔지니어링산업 진흥법」과 국토부의 「건설기술진흥법」이 지배하고 있으며 건설공사는 국토부의 「건설산업기본법」에 지배를 받는다. 단기대책만으로 현안 해결이 어려운 과제다. 혁신대책의 단골 메뉴에 포함됨에도 불구하고, 현실에는 미해결 과제로 누적되고 있다. 현안 해결을 위한 단기 대책에도 불구하고 산업현장의 인명 사고는 법 시행 이전보다 이후 2개월 동안 더 늘어나는 불합리성이 노출되고 있다.[32] 단기 대책에 몰입하느라, 근본적인 혁신을 추구하는 데 필요한 중장기 대책은 정부는 물론 산업체의 주목을 받지 못하고 방치되는 결과로 이어지고 있다.

글로벌 환경 변화를 외면하는 건설 생태계

정부의 산업 및 기술 정책은 글로벌 환경 변화에 대응하기 위한 디지털 환경 구축을 하고 있다. 정부 정책 방향과 달리 산업은 변화에 대한 강한 부정과 기존 생태계 고수를 주장하고 있다. 2020년부터 적용하기 시작한 업역 철폐와 전문공사업의 대업종화를 거부하는 움직임이 일부 이익단체를 중심으로 전개되고 있다.[33] 당장의 불이익을 감내하기 힘들다는 이유로 건설 생산체계를 1976년 상태로 돌려놓기를 주장한다. 글로벌 환경 변화 추세는 이해하지만 당장의 불이익은 받지 않겠다는 태세다. 코로나 팬데믹이 촉발한 원자재 공급 및 수송난 등으로 원자재 가격 급등, 근로자 복지 일환으로 촉발된 인건비 상승 등 생산원가에 직접적으로 영향을 미치는 공사비 급증을 감당하기 어려운 게 사실이다. 산업안전보건공단 통계에 따르면 2020년 기준, 타 산업에 비해 건설 현장에서 발생하는 사망사고율이 4.35배나 높다. 그럼에도 불구하

---

32 이데일리(2022), 되레 늘어난 사망자(전년 동기에 비해 사망자 3명이 증가됨)…, 산재 예방효과 '물음표', 2022.2.25
33 e대한경제(2022), '업역 개방 정책 중단하라' 전문건설업계 대규모 집회, 2022.2.17.

고, 정부가 추진하는 「건설안전특별법(가칭)」 세정안에 대해 건설 산업계의 산업체 10개 중 8개가 반대하는 것으로 조사됐다.[34]

글로벌 환경 변화 추세를 인정하면서도 대응은 아날로그 생태계를 유지하려는 시도는 지속될 수 없다. 눈앞의 불이익 때문에 세계적인 변화 추세를 거부하는 것은 한국건설이 선택할 수 있는 길은 아닌 것으로 판단된다. 또한, 기존 생태계로 변화 흐름을 극복할 수 있지도 않다.

부속 역할에 매달리는 건설 생태계

건설의 역사는 인류 역사와 함께 존재해왔다. 인류의 3大 생활환경이 의·식·주(衣食住)와 직결되어 있기 때문이다. 대한민국 헌법도 이를 명시하고 있다. 건설은 국민 생활과 국가경제 발전을 뒷받침하는 기반시설 구축이 본업이다. 미국은 인프라를 국가의 중추, 영국은 경제의 중추로 인정하고 있기까지 하다. 건설과정에서 일어나는 일자리와 타 산업의 경제 유발효과는 본업보다 부속 역할이다. 이러한 부속 역할은 건설과정에서만 유효한 효과에 지나지 않는다. 국내 건설 산업계는 경제 침체에서 벗어나기 위해 건설투자를 늘려야 한다는 주장으로 일관한다. 정치권은 경제나 국가 중추 역할과 무관하게 지역균형발전이라는 명목과 경제 활성화를 위한 건설투자 확대를 주장한다. 이처럼 건설 산업계와 정치권은 국가의 재정 여력과 무관하게 단기간에 발생하는 건설의 부속 역할만 강조하고 있다.

---

34 동아일보(2022), 건설업체 10곳 중 8곳 '안전특별법 제정 반대', 2022.2.28.

본 건설환경종합연구소가 일반 국민을 대상으로 조사한 결과 국민은 양적 충족도보다 질적 충족도를 중시하고 있음을 확인했다.[35] 국토면적이나 인구 기준 도로 길이보다 당장 출퇴근이나 자녀 통학의 편의성과 시간을 더 중시한다는 뜻이다. 일상생활에서 매일 접하는 생활 인프라의 실태평가 결과, 노후화로 인한 성능 및 안전으로 인한 불만족도가 만족도보다 훨씬 높은 것으로 조사됐다.[36] 정치권과 건설 산업계가 신규 투자를 주장하는 것과 달리 대부분의 국민은 사용 중인 인프라의 성능과 안전, 즉 질적 충족도에 더 관심이 높은 것을 확인할 수 있다. 한국의 국토인프라 정책과 제도가 신규 투자와 노후 인프라에 대한 대책 간 균형이 이뤄져야 함을 시사하고 있다. 우리나라의 건설시장과 정책과 제도에 전환이 필요하다는 사실이다. 기존 건설 생태계로는 해결하기 어렵다는 의미로 해석된다.

정책과 제도 사이에 놓인 장벽

건설의 주관부처인 국토부가 2018년부터 시작한 산업과 기술정책 혁신은 제4차 산업혁명과 디지털시대를 대비하는 데 초점이 맞춰져 있다. 불가피한 정책이고 한국건설이 가야 할 방향임은 틀림없다. 그러나 정책은 미래 변화에 대응하기 위한 선택을 하고 있지만 정책을 뒷받침해야 할 제도는 과거에 머물러 있다. 산업혁신 정책이 생산구조 개편에

---

35 서울대학교 산학협력단(2020), 국민인프라 서비스 측정지표 적정성 검토 및 활용방안 연구
36 서울대학교 건설환경종합연구소 외2개 기관(2015), 서울특별시 인프라 시설 실태평가 최종보고서, pp. 103-125.

중점을 둔 반면, 제도는 기존 제도로부터 약간의 개정만으로 해결하려한다. 미래 정책과 현재 제도 사이에 충돌이 일어날 수밖에 없는 환경이다. 예를 들어 기술혁신 정책 방향은 건설 현장의 제작·제조 공장화 및 자동화, 모듈화 등의 기술개발과 대규모 투자에 맞춰져 있지만, 「국가계약법」은 여전히 과거 아날로그 생산방식과 구조를 유지하는 형태다. 생산에 투입되는 인력이 자동화 및 기계화로 대체되고 있지만, 국계법은 투입인력에 의한 원가생산방식을 고집하는 것과 같다. 정책과 제도가 새로운 변화에 대응하기 위해서는 개선이나 개정하는 방식에서 새로운 방식의 프레임이 구축되어야 한다. 정책과 제도 일치를 위해서는 기존 생태계가 아닌 새로운 생태계 구축이 불가피하다.

파편화된 법과 제도, 구심점 없는 건설 생태계

건설의 속성 중 가장 큰 것이 주문자와 생산자의 역할이 분산 및 파편화되어 있는 점이다. 선진국은 파편화된 역할과 책임을 단일화시키기 위한 수단으로 설계와 시공을 일괄 발주하는 이른바, '설계시공일괄입찰(design-build)'을 선택하고 있고, 늘어나고 있는 것이 보편적인 추세이다. 역할과 책임 분산이 되어, 주문자인 발주자의 사업 및 계약관리 부담을 완화시킬 수단으로 보고 있다. 국내 법·제도는 산업 생산구조는 「건설산업기본법」, 엔지니어링은 「엔지니어링산업 진흥법」과 「건설기술진흥법」 등으로 분산되어 있고 발주 및 계약은 「국가계약법」과 「지방계약법」으로 분산되어 있다. 기술과 거래가 분리된 셈이다. 건설의 주재료인 레미콘 생산은 산업부, 타설은 국토부로 관할 부처가 상이하다. 건설기술자 관리는 「건설기술진흥법」, 근로자는 「건설산업기본법」

등과 같은 부처 내에서 조차 상이하다. 법과 제도 개선이 하나의 법 개정으로 끝나지 않게 되어 있어 외부 환경 변화에 적응하는 속도와 크기를 수용하지 못하는 것이 국내 건설 관련법과 제도 생태계에 내재된 한계다.

국가 건설산업에는 국적과 관계없이 산업을 대표하는 오피니언 리더그룹이나 산업을 대표하는 리더그룹이 있게 마련이다. 리더그룹은 공공보다는 민간그룹의 역할이 지배한다. 리더그룹 혹은 리더는 반드시 규모가 커야 할 필요성은 없다. 국내 건설 관련 협·단체 수는 대한건설단체총연합회(이하, 건단연)를 포함하여 16개다. 표면적으로는 건단연이 산업계를 대표하는 기관이지만 리더그룹으로 인정받지는 못하는 실정이다. 매출액 기준으로 상위 30大 건설업체는 별도 조직인 한국건설경영협회를 구축하여 운영 중이다. 건단연에 가입되어 있지는 않으나, 현실적으로 대기업군의 목소리를 대변한다. 산업체가 아닌 기술자 개인의 이익을 대변하는 한국건설기술인협회도 따로 있다. 산업계 전체를 대변하는 목소리가 나올 수 없는 구조다. 2020년 기준 약 86만 명의 회원을 가진 건설기술협회는 한국건설을 대표하는 기관이지만 건설기술자가 보이지 않고 기술자가 경청하는 목소리도 들리지 않는다. 산업체의 미래 진로를 제시해주거나 혹은 현안을 객관적으로 진단하여 나아가야 할 방향을 제시해주는 오피니언 리더그룹이 보이지 않는다. 시장과 산업, 법과 제도, 산업체가 파편화되어 있는 현실을 그대로 보여주고 있는 게 지금의 건설 생태계다. 미국의 건설협회(General Contractor Association, GCA)나 일본의 제네콘과 같은 리더그룹에 해당되는 단체나 개인이 없는 한계를 보이고 있다. 정책과 제도가 특정한 이익단체나 집단에 의해 변질되는 경우가 흔하게 발생하는 이유이기도 하다.

발주자의 역할과 책임을 분산시키는 거래 제도

건설 프로젝트에서 발주자 역할은 주문, 즉 발주방식 혹은 발주 사이클 전반을 관리하고 책임지는 것이다. 발주 사이클은 발주방식, 입찰과 낙찰방식, 계약방식으로 구성되어 있다. 국내 공공 프로젝트의 경우 발주자의 역할과 책임에서 발주방식과 입찰과 낙찰, 계약방식을 분리해 놓았다. 1968년에 제정된 「조달사업에 관한 법률」은 투명성 제고와 객관성 확보를 위해 조달청 발주로 중앙집중화시켰다. 발주자가 「조달사업에 관한 법률」에 따라 조달청이 선정한 사업체와 계약 이후 관리를 책임지는 구조다. 국제표준 분류로는 건설 프로젝트는 서비스 산업이다. 발주자 역할의 일부를 수행하는 조달청은 투명성과 객관성 확보를 위한 명분으로 계량적 잣대를 공평하게 적용할 수 있는 방법으로 입찰가격 중심으로 비교 평가하게 된다. 기술력에 대한 변별력은 주관적 평가에 좌우되는 특성에 대한 부담을 줄이기 위해 자연스럽게 가격 중심으로 평가하게 된다. 이 때문에 기술력에 대한 변별력 부재, 가격 중심의 운찰제 혹은 최저가 입찰제로 변질되었다. 운찰제를 이용하여 낙찰 확률을 높이기 위한 수단으로 '유령회사(paper company)'를 양산하는 구조다.

서비스 산업의 입찰평가는 발주자의 주관적 판단이 크게 작용할 수밖에 없다. 주관적 판단이지만 객관적 사실을 기반으로 한 상대비교 평가는 투명성과 객관성에도 불구하고 국내에서 이를 기피한다. 민간공사에서 발주자가 발주 사이클 전반을 관할하는 것과는 대조를 이룬다. 건설 프로젝트에 대한 지식을 가장 많이 보유하고 있는 기관은 발주자다. 중앙조달 창구 역할을 하는 조달청은 발주기관의 일부 업무를 위임받아 대행하는 역할에 그친다. 자연스럽게 기술이나 프로젝트 수행역량보다 가격을 중시할 수밖에 없다. 더구나 공공공사의 경우 「국가계약법」에 정립된 원가산정방식에 의해 기술력과 무관하게 획일적인 예정가격이 결정된다. 계약자 선정도 획일적인 절차에 따라 진행된다. 이 때문에 국제시장과 호환성이 가장 결여된 제도라는 평가를 받는다. 발주자의 기능과 역할을 분산시켜 놓았기 때문에 책임이 분산되는 결과로 이어진다. 공사비 증액과 공기지연에 대한 책임을 분명하게 판별할 수 없는 것이 현행 국내 공공공사 조달제도의 한계다. 공공건설 공사의 71%가 공기가 지연되는 결과로 나타나고 있다.[37] 공기지연과 사업비 증가에 대한 책임을 명확하게 가려낼 수 없는 현실적인 한계성이 내재되어 있다.

주인 없는 공공건설 프로젝트

국내 공공공사는 프로젝트 단위별로 설계엔지니어링과 시공을 포괄적으로 관리하는 책임을 가진 사업책임자(Project Manager, PM)를 임명하지 않는다. 법적으로는 설계엔지니어링은 과기부 관할 「엔지니어링산업 진흥법」과 국토부 관할 「건설기술진흥법」으로 분산되어 있다. 건설공사는 「건설산업기본법」의 지배를 받는다. 설계와 시공이 완전히 분리된 구조다. 설계와 시공을 포괄적으로 관리할 수 없는 구조다. 도로 프로젝트의 경우 설계와 시공 관할이 다르고 또 설계발주 공구와 시공 공구가 다르다. 노선별 설계 및 시공을 통합을 총괄하는

---

37 한국도로공사 스마트건설사업단(2021), 건설산업의 디지털 전환: 스마트건설기술개발 사업 추진 배경 발표자료 발췌

사업책임자가 없다. 프로젝트가 주인 없이 단계별 및 계약단위별로 분산되어 있는 셈이다. 사업책임자는 없고 계약책임자만 존재하는 특이한 구조를 가지고 있는 셈이다.

철도나 도로, 공항이나 공공청사 단지 개발 시 설계와 시공 관리책임이 다르고 공구별 계약책임자는 있지만 총괄 프로젝트 단위의 책임자가 없다. 또한 1968년에 도입된 '공무원 순환보직제'로 인해 사업 단위별 및 기간별 관할 계약관리 책임자가 변하게 되어 있다. 자연스럽게 발주청 혹은 발주기관의 사업성과 평가가 어려운 구조다. 「건설기술진흥법」 제52조에 "건설공사의 사후평가"라는 의무 조항이 명시되어 있다. 여기서 건설공사는 프로젝트 단위보다 계약단위로 해석된다. 발주청이 스스로를 평가하는데, 이를 자체 내 평가가 아닌 외부기관에 위탁하게 되어 있다. 평가 결과를 활용하는 방식도 발주청의 유사 사업 계획 초기에 반영하도록 되어 있지 계약자의 성과평가를 입찰평가에 반영하도록 되어 있지 않다. 공공 프로젝트의 예산과 공기를 관리해야 할 역할과 책임이 순환보직제 및 법과 제도에 의해 분산되어 있어 책임주체가 사라진 셈이다. 공공건설 프로젝트의 생산성이 높아질 가능성이 없는 구조이다. 기존의 공공건설의 발주 생태계가 안고 있는 문제점이다.

지금의 생태계로는 공공건설 프로젝트의 생산성 혁신을 기대하기 힘들 것이라는 추론이다.

공학기술이 실종된 산업현장

공학(engineering)은 두뇌 기반의 소프트웨어 기반 기술(soft technology)이라고 할 수 있다. 생산(production) 기능에 입력(input)하는 역할이 핵심이다. 이에 반해 기술(technique)은 확정된 기술을 이용하여 결과물(output)을 생산하는 역할이 핵심이다. 선진기술을 모방(imitation)하고 복제(copy)하여 재생산(replication)하는 것은 기술경쟁이 아닌 가격경쟁이다. 가격경쟁은 국가별로 개인소득과 관계[38]가 깊다. 우리나라 국민의 개인소득 수준 3만 불 미만에서는 가격경쟁력(인건비 상대지수 0.65)이 유지되었지만 3만 불 수준을 넘어가면서 개인소득 대비 기술자 인건비는 1.25, 기능 인력 1.04로 가격경쟁력이 상실되기 시작했다. 선진국 혹은 선진기업 대비 기술력 상대비교에서 100% 미만은 더 이상 국제경쟁에서 승산이 없어졌음을 의미한다. 가격보다 기술력을 더 높여야 한다는 메시지다.

가성비 기반 경쟁력이 수명을 다했음에도 불구하고 한국건설은 여전히 모방과 복제 패턴이 반복되고 있다. 모방과 복제는 엔지니어링보다 기교(technique) 중심이다. 엔지니어링 기술의 완벽한 복제는 불가능하다. 도면을 복제하는 기술은 'technique'이지만 도면을 생산하기 위해 기술기준 설정과 해석 등은 'engineering' 기술이다. 선진국과 선진기업이 강한 부문은 눈에 보이지 않는 두뇌 기반의 지식, 즉 공학기술이다. 국내 건설기술이 모방과 복제에서 벗어나지 못하는 사이 가격경쟁력을 잃어버렸다. 2022년 1월 11일 광주광역시 신축아파트 공사 중 붕

---

[38] 김윤주(2018), 국가별 건설인력 인건비 및 생산성 비교와 시사점, 건설이슈포커스, 한국건설산업연구원, p.19.

괴 사례는 국내 산업 현장에 공학이 실종되었음을 극명하게 보여준 실사례라고 할 수 있다. 현장에 공학기술을 가진 기술자가 아닌 시공기술을 보유한 기능인만이 현장을 주도하고 있었다. 제대로 된 공학기술자가 현장을 지켰다면, 착공 전에 붕괴 여부를 사전에 판단할 수 있었을 것이고 예방 조치를 취했을 것이다. 때문에 사고가 일어날 수 없는 구조였다. 이는 국내 산업현장에 공학기술이 실종됐음을 단정적으로 보여주는 사례로 판단된다. 모방과 복제기술이 지배하기 때문에 엔지니어링은 물론 공사 입찰 평가 시 입찰자별 기술력에 대한 차이를 제대로 판단하기 어려울 것이라는 추정이다. 국내 공공사업에서 기술력보다 가격이 지배하는 핵심 이유이기도 하다. 모방과 복제기술은 차별화되기 어렵다. 유사한 기술을 상대 비교하는 것은 아무런 의미가 없기 때문이다.

국내 공공공사 발주를 위한 예정가격은 「국가계약법」 제8조의2(예정가격의 작성) 및 시행규칙 제6조(원가계산에 의한 예정가격의 결정)에 따라 결정된다. 원가계산을 위해 설계엔지니어링이 공사방법과 공사에 필요한 공사용 가시설물을 상세 설계하게 된다. 글로벌 표준에서는 공사방법과 공사용 가시설물 설계는 엔지니어링이 아닌 시공 계획 및 기술 영역이다. 그런데 원가계산에 의한 입찰 내역서를 작성해야 하는 이유 때문에 설계 기술 영역에 포함한 것이다. 설계엔지니어링과 시공 기술 영역이 엄격이 나눠진 국내 환경에서는 설계는 시공, 시공은 설계에 대한 기술과 경험 축적 기회나 필요성이 사라진 상태다. 이 때문에 설계엔지니어링은 새로운 공법이나 가시설물 설계보다 과거 경험을 복제하게 된다. 설계엔지니어링 자체가 신기술이나 공법에 의한 공사비를 낮춰야 할 필요성이 없다. 설계나 시공의 신기술이 개발되거나 탐

색할 필요성이 없게 된다. 기술보다 경험의 답습이나 복제가 보편화된 구조다. 입찰 시 유리하게 작용하는 신기술·신공법이 있지만, 낙찰만의 목적이지 실제 시공 단계에서는 과거 기술과 경험이 답습된다. 공공공사 입찰 시 기술에 대한 변별력 강화를 요구하지만, 복제와 답습이 지속되는 지금의 생태계에서는 기술이나 공법 차이를 가려내는 것 자체가 어렵다. 더구나 「조달사업에 관한 법률」에 따라 조달청에 계약사무를 위임하기 때문에 입·낙찰방식을 통한 기술 발전을 기대하기 어려운 게 현실이다. 국내 건설 생태계에서 설계 및 시공 기술의 핵심인 공학(engineering)이 무시되고 과거 답습과 기술 복제만이 남는 악순환이 반복되는 게 현실이다.

평균·평준화에 매몰된 건설기술 R&D 생태계

국내 건설기술 대부분은 선진국과 선진기업이 가진 기술을 모방하거나 복제로 습득됐다. 모방과 복제기술을 이용하여 선진기업들과 가격으로 승부했다. 가성비를 높이기 위해 빠른 추격자(fast follower) 지위를 당연하게 생각했다. 국내 건설이 누렸던 추격자로서의 가성비 경쟁은 국내 인건비 상승으로 인해 신흥국 건설 산업체에게 자리를 내줄 수밖에 없게 됐다. 2000년대 진입부터 원천기술 개발의 필요성이 제기되기 시작했다.

국내 건설 역사에서 복제기술에서 벗어나 원천기술 개발에 첫발을 내디딘 기술개발 정책은 2005년 10월에 국토부(당시 건설교통부)가 발표한 "건설교통 R&D 사업 혁신방안(APEX 2010[39])"으로 추정된다. 2005년에 발표된 건설 R&D 혁신방안은 투자비가 3,000억 원대로 높아지면서 다양한 문제점이 노출되어 건설교통기술연구개발 시행계획을 변경해야 하는 결과[40]로 나타났다. 대규모 투자가 필요한 원천기술 개발 과제에 대한 수용 준비가 부족했던 것이 주요 원인으로 지적되었다. 그중에서도 과거 기술 복제와 중복 연구 과제가 많아졌다는 원인이 도출되었다. 원천기술 개발에 목표를 두었지, 개발된 기술의 실용성과 축적이나 완성도는 고려하지 않았다. 반복 적용을 통해 건설기술의 숙련도와 완성도가 높아지는 축적 과정을 원천기술 중복 연구라는 이유로 배제했다. R&D 생태계는 현재도 중복 연구를 기피하고 있어 기술이 완성되는 축적 과정이 생략되었다. 개발된 신기술이나 원천기술이 실제 적용으로 이어지는 과정이 생략되어 축적을 통한 기술의 고도화 과정이 생략되어 있다. 정부가 건설기술 개발 투자를 확대하는 새로운 전략을 발표했다.[41] 이 전략에는 건설기술 R&D 예산을 4년 동안 매년 4% 이상 증액시켜 2011년에는 6천억 원 이상으로 확대하는 계획이 포함되어 있었다. 여전히 기술개발 혹은 원천기술 확보에 중점을 뒀지 기술 축적 과정은 빠져 있었다. 기술개발 과제 수가 늘어나도 기술의 완성도는 여전히 제자리에 머물 수밖에 없는 구조다. 이로 인해 국내 건설기술 생태계가 평준화·평균기술에 머물 수밖에 없는 환경이 되어 버렸다. 평균과 평준화된 기술은 산업체별 역량 차이보다 가격이 지배하는 형태로 갈 수밖에 없다. 지금의 건설기술 및 R&D 생태계가 유지되는 한 한국건

39　건설교통부(2005), 건설교통 R&D사업 혁신방안, APEX(Advanced Performance-base, Efficient, eXellent)의 첫 자를 따서 첨단기술 개발을 선언함

40　건설교통부·한국건설교통기술평가원(2007), 2007년도 건설교통기술연구개발 시행계획 변경(안), 건설교통미래기술위원회

41　국토해양부(2010), 저탄소 녹색성장, 국토해양 기술개발로 앞당긴다, 국토해양R&D 발전전략 수립, 보도자료, 2010.10.12.

설이 세계 시장에 내놓을 수 있는 대표 건설기술이 나오기 힘들다는 판단이다. 국내 건설의 평균 기술을 세계시장이 주목할 가능성은 극히 희박하다.

　제4차 산업혁명을 지식산업 혁명 혹은 디지털 기술로 호칭하는 이유가 있다. 최근 급속도로 시장이 커지는 인공지능, 디지털 기술, VR·AR 등은 홀로 존재하면 가치가 없다. 타 산업이나 기술과 융합이 되어야 가치가 높아지는 특성이 있다. 지금은 융합산업과 융합기술이 대세다. 융합이라는 의미 속에는 물리적 통합(physical integration)보다 화학적 융합(chemical convergence)이 들어가 있다. 융합의 주체가 생산기술이 아닌 공학기술이 기반이라는 뜻이다. 물리적 통합기술은 편의성을 높여주지만, 화학적 융합기술은 다른 새로운 기술로써 생산성과 속성 자체를 혁신시킨다. 인공지능이나 AR·VR, 디지털 트윈 등은 공학기술이 기반이다. 하지만 국내 건설 생태계 공학기술이 제 역할을 하지 못하고 있다. 모방과 복제기술에서 벗어나지 않기 때문으로 해석된다. 선진국이나 글로벌 건설시장에 빠르게 융합기술이 확산되고 있는 점을 고려하면 공학기술 배제는 경쟁력 하락을 의미한다. 공학기술 없는 생산성 증가 수단은 다단계 하도급이나 인건비 삭감 등으로 몰릴 수밖에 없다. 한국건설이 국내외 수요자 요구를 만족시키기 위해서는 기존 생태계에 대수술을 가하는 길이 가장 확실하다는 결론에 도달하게 된다.

디지털로 빠르게 대체되는 아날로그

한국건설은 낮은 생산성, 높은 현장 안전사고 빈도, 다단계 하도급 등으로 생산성과 안전성, 경제성 등 모두에 심각한 문제가 있다. 제4차 산업혁명과 디지털 기술, 인공지능 등 전혀 새로운 환경과 기술 시대를 대비하기 위해 국가 건설 산업 차원의 혁신 정책을 수립하기 시작했다.[42] 급변하는 외부 환경 변화를 한국건설의 성장 기회로 전환하겠다는 구상이다. 생산성 및 안전성 향상을 획기적으로 높이는 방안으로 기술정책을 구상하기 시작했다. 산업 부분에서는 1978년부터 유지되어 왔던 업역을 폐지하기로 했다. 거래단계를 축소하기 위해 직접시공 비중을 확대하기로 했다.

다단계 하도급을 통한 손실 전가 방지, 원도급자의 기술력에 의한 직접 시공 확대, 건설 현장의 생산방식을 공장 제작화하는 스마트기술 개발 전략을 2018년부터 수립하기 시작했다.[43] 수작업으로 이뤄진 습식공사 기술을 수치 기반의 자동화와 디지털 기술이 지배하는 건식공사로 전환시키는 '건설산업의 디지털 전환'을 목표로 스마트건설사업단을 출범시켰다.[44] 전통적으로 수작업이 중심이 되었던 아날로그 생산기술을 데이터 기반의 디지털 생산 및 관리기술로 전환시키는 기술정책이다. 건설산업과 기술의 디지털화를 정부의 주관부처가 선언한 것이다. 아날로그 기반의 산업과 기술이 더 이상 유지될 수 없다고 판단한 것으로 보인다.

---

42 국토교통부(2019), 건설산업 주요 대책
43 국토교통부(2018), 제6차 건설기술진흥기본계획
44 2,050억 원을 6년간 투자하여 도로공사의 스마트기술을 개발하는 R&D 과제임

아날로그 기술이 전 세계적으로 확산되는 디지털 기술을 대체할 수 없다는 사실을 누구도 부정할 수 없다. 아날로그 시대에 맞게 수립되었던 정책, 법과 제도는 당연히 디지털 기반으로 전환되어야 한다. 아날로그 법과 제도로 디지털 산업과 기술을 수용하는 것은 머리와 몸이 분리되는 것과 같다. 디지털 산업과 기술을 수용하기 위해 법과 제도를 혁신할 수밖에 없다는 결론에 도달하게 된다. 기존의 건설 관련법과 제도는 디지털 전환이 빠르게 진행될수록 지속가능하지 못함을 의미하게 된다. 시장과 산업, 그리고 기술이 법과 제도와 분리되는 구조가 심화되기 때문이다.

글로벌 경쟁 무대에서 설 자리를 잃어가는 한국건설

글로벌 건설 산업계는 한국건설이 달성한 풍부한 실적에도 불구하고 국가가 내세울 수 있는 건설기술에는 별로 주목하지 않는다. 눈에 보이는 구축물의 실적을 부러워하면서도 겉으로 드러나지 않는 건설기술은 별다른 평가를 받지 못하는 실정이다. 국내 건설이 스스로 평가하는[45] 기술 수준도 실적과 성과에 비해 무척 낮다. 미국(100)과의 기술 격차를 나타내는 수치에서도 건설교통 기술 수준을 61.8%로 평가했다. 원천기술과 기본설계에서도 미국의 73%, 시공관리는 약 83%로 스스로가 낮게 평가한다. 정부의 주관부처와 산업계가 공통으로 추구하는 기술은 3最(최고·최첨단·최신)다. 정부는 건설기술 R&D 예산을 언제나 선진

---

45 국토해양부(2012), 제5차 건설기술진흥기본계획(2013~2017)

국 대비 낮은 기술, 기술 자립 혹은 국산화율이 낮은 기술, 그리고 한 번도 시도해보지 않는 과제에 배정한다.

풍부한 실적에 비해 국가대표 건설기술이 빈약할 뿐 아니라 건설 스스로가 기술 수준을 낮게 평가한다. 글로벌 건설시장은 지속성장하고 있지만 한국건설이 해외시장에서 차지하는 비중은 2010년 710억 달러를 정점으로 하여 지속적인 하락세에서 벗어나지 못하고 있다. 2021년 신규 수주액은 전년도보다 46억 불이 줄어든 306억 달러에 그쳤다. 가성비 기반의 경쟁력이 수명을 다했지만 기술력 기반의 경쟁력으로 전환하지 못하고 있는 것이 현재의 한국건설 생태계다. 정부가 2009년에 목표했던 10년 내 해외 수주액 2천억 달러 달성이 기존 건설 생태계로는 애초에 불가능했었다.[46] 해외건설협회 통계에서도 2019년 해외건설 수주액이 223억 달러로 후퇴(2009년 491억 달러)한 결과로 나타났다. 급변하는 융합기술 추세가 지속되는 한 한국건설의 글로벌 포지션은 지속적으로 하락하게 될 것으로 예측된다.

국가의 비전과 목표 없는 한국건설

한국건설의 비전과 목표를 국가 차원에서 국민에게 제시한 사례는 2009년 한 차례에 불과했던 것으로 파악된다. '건설산업 선진화 비전 2020'이라는 연구보고서로 공개됐지만, 정부나 산업체의 주목을 받지 않았을 뿐만 아니라 목표 달성을 위한 범부처 역할과 책임도 강제하지 못해 연구보고서로 수명을 다했을 뿐이다. 건설비전포럼이 한국토지주

---

46 국토해양부·건설산업선진화위원회(2009), 건설산업 선진화 비전2020 최종보고서, p. 53.

택공사(LH)의 의뢰를 받아 발간한 '2030 건설산업비전 수립 연구'[47]도 연구보고서로서 가치는 인정받았지만, 중앙부처나 정부나 산업계로부터 주목이나 인정을 받지 못한 연구보고서로만 남게 되었다.

건설의 주 고객인 국토인프라는 국가가 주도하는 것이 당연하다. 국가 건설을 대표하는 비전과 목표, 전략이 1958년 「건설업법」이 제정된 이후 현재까지 단 한 차례도 수립되지 못했다. 건설의 속성만큼 파편화되어 중앙부처나 공공기관의 필요성에 따라 부분적으로 개선이 이뤄지고 있을 뿐이다. 국토연구원이 국토부의 의뢰를 받아 발간한 '중장기 건설산업 발전방향 연구' 보고서[48]는 2040년까지 건설공사의 생산성 혁신에 대한 내용으로 국토부가 주관하는 전통적인 토목과 건축시설만을 대상으로 하여 설계엔지니어링이 제외되어 있다. 국토부가 2018년 건설공사의 생산체계 혁신의 후속 과제로 인식했던 것 같다. 건설 생태계 전체를 대상으로 하지 못했다. 한국건설을 대표하는 국가 차원의 비전과 목표가 없다. 현재 상황은 지금의 국내 건설 생태계를 그대로 유지하면서 점진적인 개선만을 하겠다는 뜻으로 이해된다.

건설시장과 산업의 주도권 상실 위기

미국이나 영국 등이 국토인프라를 '중추(backbone)'로 지목하는 이유는 동일하다. 국가와 국민이 존재하는 한 교통이나 에너지, 수자원 등은 일상생활의 필수품이기 때문이다. 국토인프라는 포기 대상이 아

---

47 LH·건설산업비전포럼(2021), 2030 건설산업비전 수립 연구 최종보고서
48 국토부·국토연구원(2021), 중장기 건설산업 발전방향 연구 최종보고서

니지만 시장을 주도하는 산업과 기술은 변할 수 있다는 사실은 부정하기 어렵다. 자동차는 전통적으로 기계산업을 대표해 왔다. 포드가 대량생산을 통해 자동차를 대중화시켰다. 전기자동차를 제작 공급하는 테슬라가 등장하면서 기술과 산업의 주도권이 전기·전자·통신 등의 융합기술과 새로운 산업으로 대체되기 시작했다. 자동차 생산 및 판매 시장은 사라지지 않지만 기술과 산업의 주도권은 새로운 기술에 의해 대체 될 수 있다는 사실을 실증해 보이고 있다. 건설도 이 추세에서 벗어나기 힘들다. 예를 들어 모듈화 주택이 보편화된다면 건설과 제조업 사이에 지배권 경쟁이 일어나게 되는 것이 당연하다. 전통적인 습식공사가 건식공사로 바뀌는 순간 산업에 대한 지배권 충돌은 불가피한 현실이 된다.

국토인프라 구축 및 운영 시장은 사라지지 않는다. 지금까지 인프라 구축 시장은 건설기술과 산업이 주도해 왔었다. 제4차 산업혁명과 디지털이 촉발한 인공지능과 자동화, 로봇 범용화 등이 건설기술과 융합하게 되면 전통적인 건설이 아닌 새로운 기술과 산업이 될 것으로 예상된다. 기술과 융합의 주체가 건설이 될 것인지 아니면 테슬라와 같이 전혀 다른 기술과 산업이 될지는 확실하지 않다. 그러나 가능성은 충분히 있다. 건설이 새로운 융합기술과 산업에 의해 대체될 가능성은 기술 및 환경 변화를 외면할 수록 높아질 것이다. 기존 생태계 유지로는 융합기술의 파고를 넘을 수 없다는 판단이다. 전통적인 건설기술과 산업의 설 자리가 점차 좁아지고 있다. 국토인프라 구축 및 운영 시장에 대한 주도권을 유지하기 위해서는 생태계 자체를 혁신하거나 새롭게 구축하는 방안이 자연스럽게 제기될 수밖에 없다.

지속되기 어려운 한국건설의 기존 생태계

한국건설의 현재 생태계는 내수시장 자체에서도 더 이상 유지될 수 없는 현실이다. 건설만의 문제가 아닌 전 산업이 당면한 공통의 문제이기도 하다. 건설 산업이 타 산업과의 차이가 있는 점이라면, 건설과 인프라를 대체할 시장이 없다는 점이다. 전 세계 건설시장을 움직이는 선진국의 산업과 기술의 변화 크기와 속도는 경쟁 패러다임을 글로벌 건설시장에서 근본적으로 변화시킬 것이 분명하다. 양적 성장 일변도에 익숙하게 된 산업체와 기술인력 자체도 양적으로 팽창을 거듭해왔다. 이미 덩치가 커져 버린 서비스 공급자는 내수시장만으로 성장은 고사하고 생존 자체도 어렵게 되었다. 한국건설의 현재 공급 여력을 시장을 통해 해결하려면 두 가지 선택의 길이 있다. 하나는 공급 여력을 획기적으로 줄이는 길이다. 산업체와 기술자를 타 산업으로 전환하거나 혹은 시장에서 퇴출하는 방식이다. 다른 한 가지 길은 글로벌 시장 확대를 통해 수요, 즉 시장을 확충하는 길이다. 첫 번째 길은 검토 정도는 할 수 있지만, 국가나 산업, 개인 기술자가 당장 선택할 수 있는 대안이 되지 못한다. 그리하여 글로벌 시장 확대만이 한국건설이 유일하게 선택 가능한 길이라는 결론에 도달하게 된다.

한국건설은 글로벌 시장에서 변해 버린 경쟁 패러다임에 제대로 대응할 수 있는 역량을 아직 갖추지 못했다. 국내 공공공사 입찰은 경쟁보다 물량 배분을 중시해 왔다. 글로벌 시장은 국가별로 물량 배분을 하는 일도 없지만, 그렇다고 로또식의 운찰제도가 아니다. 기술력을 기반으로 한 가격경쟁이 중심이 될 수밖에 없다. 글로벌 시장에 한국건설이 생존과 성장할 수 있는 길이 있다면 답은 하나다. 기술력 기반의 글로벌 경쟁 역량을 필수적으로 강화해 갈 수밖에 없다. 한국건설이 글로벌 시장이 필요로 하는 기술력 기반의 경쟁력을 갖추려면 그 비전과 목표 자체가 5년이나 10년 단위가 아닌 최소한 30년 이상 장기간으로 변해야 한다. 대통령 임기에 맞춘 5년 계획은 30년 비전과 목표를 실행하는 것에 중점을 두는 것이 바람직하다.

한국건설이 국내는 물론 글로벌 시장에서 생존과 성장하기 위해서는 현재의 모습이 아닌 30년 후의 새로운 한국건설의 모습을 만들기 위한 비전과 목표, 전략을 개발하는 것이 바람직하다. 목표 달성을 위한 전략이 문서작업이나 혹은 일과성 이벤트가 되지 않도록 하는 장치도 필요하다.

국민과 국가가 포기 불가능한 국토인프라와 건설

미국토목학회(American Society of Civil Engineers, ASCE)는 국토인프라를 국가의 중추(national backbone)로 해석하고 있다. 영국 정부(HM Treasury, 재무부)는 국토인프라를 경제의 중추(economic backbone)라고 부른다. 두 국가 모두 국가와 국민이 존재하는 국토인프라가 존재할 수밖에 없음을 인정하고 있는 것이다. 국토인프라 구축 역할은 건설의 몫이 될 수밖에 없다. 어느 국가를 막론하더라도 건설이 국가의 중요한 산업이 될 수밖에 없는 환경이다.

21세기 진입을 앞둔 시점에서 세계 최강국이라고 할 수 있는 미국은 집중해야 할 산업과 기술, 포기해야 할 산업과 기술에 관한 심층 분석을 한 바 있다. 대통령 직속으로 국가과학기술위원회(National Science and Technology Council)를 구축하여 3년간의 연구를 진행했었다. 국가과학기술위원회에는 건설분과[49]가 포함되어 있었다. 3년간의 연구를 통해 건설에 대한 결론을 도출했다. 미국과 국민은 건설을 포기할 수 있는 선택권이 주어져 있지 않다는 결론에 도달했다. 국토인프라와 건설을 포기할 수 없다면 결론은 한 가지로 모아진다. 국가건설에 대한 목표를 설정하여 국가 차원에서 혁신해가는 길밖에 없다[50]는 것이다. 미국이 국가 건설혁신을 위해 제기한 계량적 목표는 건설 생태계 자체를 혁신하지 않으면 달성 불가능하게 되어 있었다.

---

49 National Science and Technology Council(1995), National Construction Sector Goals, Industry Strategies for Implementation, pp.1-2, 7가지 목표로 공기 50% 단축, 유지비용 50% 저감, 시설물의 안락성과 생산성 30% 향상, 건물 내 질병과 사고 50% 저감, 환경폐기물 50% 저감, 수명 50% 연장, 직업병과 현장 인명사고 50% 저감을 제시

50 National Science and Technology Council(1995), National Planning for Construction and Building R&D(NISTIR 5759, NIST의 민간기술위원회 소속 건설(건설 및 건물) 분과위 보고서, Executive Summary p. ii.

국민과 국가경제를 위한 한국건설의 미래 선택

누적된 미해결 굴레로부터 탈출

지금까지 수립되었던 국내 건설 혁신대책은 현안 해결이 중심이었다. 기존 생태계에서 제시된 현안을 해결하기 위한 수단으로 혁신이라는 용어를 사용했음을 부인하기 어렵다. '과거에 수차례 답습했던 정부 주도의 건설 비전과 목표가 별 성과 없이 끝났음에도 불구하고 새로운 비전과 목표를 수립해야만 하는가?' 과거에 뚜렷한 성과를 보지 못했다는 이유만으로 그것을 한국건설에는 비전과 목표가 필요 없다는 명분을 삼을 수 있는지를 반문해보면 답이 분명해진다. 실패 혹은 실행이나 효과가 미비했던 원인에 대한 체계적인 분석이 없었다. 성과가 낮았거나 실행이 미비했던 가장 큰 이유는 정부의 일방적 주도로 현안 해결에 중점을 뒀기 때문이라는 해석이다. 이전에는 정부의 한 부처가 주도 했지만, 한 부처가 아닌 범정부 차원의 국가 아젠다가 되어야 비전과 목표를 달성할 수 있다. 8차례나 건설혁신 아젠다가 개발되었지만 국가 차원의 사령탑 혹은 관제탑이 없었다. 산업체는 당사자임에도 불구하고 제 3자

위치에서 구경꾼 역할만 했다. 산업체는 비전과 목표를 방관했고, 전략이 실행되는 과정이나 길목에서 각자의 이해에 따라 참여보다는 변화에 대항하는 자세로 일관해왔다. 산업계의 목소리를 중요시 해야하는 정부 관료는 말 없는 다수보다 각자의 이해에 몰입된 목소리를 더 중시했다. 산업계의 목소리는 각자의 이해도에 따라 통일성이나 일관성이 달랐다. 정부 관료의 선택은 목소리에 따라 움직이기보다 있는 그대로 두거나 혹은 약간의 개선만으로 일관해 왔다. 비전과 목표, 그리고 전략에 대한 주인 혹은 주인의식(ownership)이 없었던 것이 과거 실패의 가장 큰 원인으로 지적되어야 한다. 과거 정부에서 수립해왔던 건설 산업의 비전과 목표, 그리고 전략서가 실패 혹은 성과가 미흡했다는 이유를 내세워 한국건설의 미래 자체를 포기하기에는 너무 큰 손실이 예상된다. 이 손실은 건설 산업에서 끝나지 않고 국민경제와 국민 개개인의 삶의 질을 파괴시킬 것으로 예상되기 때문에 반드시 대책을 수립해야만 한다.

중간을 허락하지 않는 글로벌 시장 환경

지금은 제4차 산업혁명과 디지털 시대다. 글로벌 환경과 기술의 변화는 지금까지 한 번도 경험해보지 못했다. 새로운 환경을 거부할 수 없다면 답은 정해져 있다. 한국건설이 새로운 환경에 적응해야 생존이 가능하다. 새로운 환경 적응을 통한 생존은 기존 생태계에서 약간의 변화만을 시도하는 것만으로는 달성되기 어렵다. 과거와 다른 방향과 방식으로 가야한다. 한국건설이 지향하는 비전과 달성해야 할 목표가 없는 사실을 인정해야 한다. 오늘 하루만 잘 살기만을 바라는 것은 청년과 미래 세대에게 보여줘야 할 길을 보여주지 않는 것은 책임 회피다. 비전이 보이지 않는 곳에 유능한 인재가 모이지 않는 것은 너무나 당연하다. 국가나 산업은 국민생활과 국가경제의 대들보인 국토인프라를 선택하거나 포기하는 선택권은 주어져 있지 않다. 건강하고 질 높은 국토인프라를 공급하고 운영해야 할 건설의 의무와 책임을 방치하는 것은 국가와 국민의 생활 경제를 해치는 것과 다를 바 없다는 사명과 책임의식을 가져야 한다. 현안만 해결하면 미래가 펼쳐질 것이라는 생각은 버려야 한다. 현안은 시간이 지나면 해결이 될 문제지만 미래는 급변하도록 방치해둘 것이 아니라 한국건설 스스로 그 모습을 만들어가야 하며, 또 그러한 세상이 되었다. 한국건설이 설 중간 위치가 사라져 버렸다. 그만큼 글로벌 환경 변화가 심각하다는 뜻이다.

한국건설의 현재 생태계 모습에 만족하지 않지만 기다려 보자고 주장하는 사람도 있다. 보는 시각에 따라 판단은 각자의 몫이라는 점은 인정되어야 한다. 그러나 한국건설의 현재 모습이 지속가능한지에 대해 확답을 해줄 수 있는 사람은 없다. 산업의 일감과 개인의 일자리를 지켜 줄 수 있는 내수시장은 이미 고갈되었다. 이를 부정할 사람은 없다. 나타나고 있는 현실만을 보기 때문이다. 그렇다면 건설 산업에서 기성 세대는 물론 후세대의 일자리를 만들어줄 수 있는 유일한 돌파구를 찾기 위해선, 내수시장이 아닌 글로벌 시장에서 파이를 키우는 가장 확실한 방법을 찾을 수밖에 없다는 결론에 이른다. 지금의 눈높이와 현재의 역량으로 글로벌 시장에서 파이를 지키기도 어렵지만 키우기는 더욱더 불가능하다. 그렇다면 결론은 명확해진다. 왜 확실한 답을 알고 있으면서 행동은 기피하는가? 누군가가 해야 한다면 건설에 몸을 담고 있는 당사자가 나서야 하는 게 당연하지 않겠는가? 한국건설을 기다려주는 시장은 전 세계 어디에도 없다. 한국건설이 지금의 역량 수준으로

자의적 선택에 따라 진입할 수 있는 시장도 없다. 한국건설 스스로의 노력이 지금 당장 필요할 뿐이라는 결론이다. 빠르면 빠를수록 좋다. 왜 지금인가 하는 질문은 선택권을 가져 여유를 부릴 수 있는 자에게나 던질 수 있는 질문이다. 한국건설은 주어진 글로벌 시장에 대한 선택권이 없다. 이런 현실을 부정할 수 있었다면 한국건설은 지금의 모습이 되지 않았을 것이다. 한국건설이 애써 외면할 수 없는 엄연한 현실은 받아들여야 한다. 이 길만이 한국건설이 생존하고 성장할 수 있는 유일한 길이기 때문이다. 지금의 모습에 실망할 필요는 없다. 미래는 만들어가는 자의 몫이기 때문이다.

정답 없는 선택과 불가능한 리스크 제로

한국건설이 기존 생태계를 유지하면서 개선이나 혁신만으로는 글로벌 환경 변화의 파고를 넘어설 수 없다는 것이 현실이다. 현재 일어나고 있는 변화는 어떤 산업과 기술도 경험해보지 못한 것들이 지배적이다. 변화를 예측하기도 힘들다. 예측하기 힘들지만 가장 확실한 것은 '미래는 변하고 변화에 적응하지 않으면 생존 불가'다. 불확실한 미래지만 한국건설이 가야 할 길을 선택해야 한다. 예측하기 어려운 미래임에도 불구하고 생존과 성장을 위해 길과 방향을 선택해야만 한다. 미래 선택에 'Risk =0'는 존재하지 않는다. 리스크가 있다는 것을 알더라도, 선택하지 않을 수 없는 현실을 받아들여야 한다. 다만 선택한 미래 진로를 환경 변화에 따라 수시로 길과 방향, 즉 궤도를 수정할 수는 있어야 한다. 미래가 불확실하기 때문에 외골수적인 길과 방향을 고집할 수 없다는 현실을 받아들일 수밖에 없다.

건설 비전과 목표를 국가 아젠다로 격상

우리나라는 2021년에 UN이 공식적으로 선언한 선진국이다. 우리보다 앞서 선진국에 진입한 국가의 건설 비전과 목표를 보자. 영국[51]이나 EU,[52] 호주[53] 등은 선진국임에도 불구하고 국가 차원에서 건설 산업의 미래 발전을 위해 비전과 전략서 등을 수립하고 실행에 옮겨가고 있다. 한국건설의 미래 생존과 성장을 위해서는 불가피하게 국가 차원의 건설 비전과 목표, 그리고 전략서가 개발되어야 한다. 한국건설은 이런 것들이 없다는 이유 하나만으로도 지금 개발을 서둘러야 할 명분이 충분하다. 한국건설이 가야 할 길이나 가야 할 길을 제시하지 못한다는 사실 하나만으로도 비전과 전략은 당장 수립되어야 한다. 세계 건설시장과 기술은 과거와는 전혀 다른 방향과 크기, 그리고 빠른 속도로 급변하고 있다. 국제적인 지명도를 지닌 맥킨지글로벌연구소[54]는 제4차 산업혁명은 과거 3차례의 산업혁명과는 비교할 수 없을 것이라고 예측했다. 19세기 초의 제1차 산업혁명에 비해 변화 속도가 10배 빠르고 크기는 300배에 불과하지만, 파급 영향, 즉 파괴력은 3,000배 이상이라 전망했다. 2015년 다보스 포럼에서는 산업과 산업, 기술과 기술 간의 장벽이 무너지고 융합산업과 기술로 발전되기 시작했다고 선언했다. 한국건설이 급변하는 세계 건설시장에서 생존해야 한다면 한국건설이 가야할 길과 방향의 길잡이 역할을 하는 비전과 목표, 그리고 전략 수립을

---

51 HM Government(2013), Construction 2025

52 https://www.construction21.org

53 https://www.construction-innovation.info, A Vision for Australia's Property and Construction

54 McKinsey Global Institute(2015), The four global forces breaking all the trends

서둘러야 한다. 그것도 주저할 시간 없이 당장 서둘러야 한다.

　한국건설의 미래 비전과 목표는 국가의 중추이자 국민경제의 버팀목을 더 건강하게 만들기 위해 불가피하게 수립해야 할 국가 차원의 아젠다이다. 국민과 국가 경제를 지탱하기 위해서는 중추가 튼튼해야 한다. 중추는 버팀목이 강해야 한다. 한국은 선진국이나 선진기업의 기술이나 전략을 벤치마킹하거나 답습하는 빠른 추격자로는 더 이상 미래를 만들어갈 수 없다. 한국은 한국 고유의 비전과 목표, 그리고 전략을 독자적으로 수립해야 한다. 반도체나 휴대폰, 조선업이 한국을 대표할 수 있었던 것은 선진국이나 선진기업을 따라하는 것에서 벗어나 독자적인 길을 걸어갔기 때문에 가능했다. 건설을 모태로 출범한 조선과 자동차 산업이 성공했던 것처럼 건설도 글로벌 시장에서 성공할 수 있는 길은 얼마든지 있다. 다만, 건설 스스로가 패배 의식에서 벗어나야만 가능하다.

제2부

건설의 신생태계 구축을 위한

비전과 목표 설계 주문

건설의 주인이자 당사자는 산업이고, 건설의 주 고객은 국민과 국가 경제다. 미래로 가는 길 만들기는 주인의 몫이다. 따라서 산업을 대표하는 리더그룹이 선도하여 한국건설의 30년 후 새로운 미래 모습을 설계할 사명과 책임의식을 가져야 한다.

30년 후 한국건설은 1950대 프레임에서 완전히 벗어나 글로벌 시장을 무대에 도전하는 건강한 청년이 되어야 한다.

국민과 국가에 꿈과 희망을 보여 줄 책임이 건설의 주인인 산업에 있음을 직시하라.

01

한국건설의 사명(mission)

인류 생활의 3대 기본요소는 의·식·주다. 3大 기본요소를 떠나서는 인류의 쾌적한 삶이 유지 될 수 없다. 3大 기본요소 모두 건설과 직접적인 관계를 가진다. 설립된 지 200년을 넘어선 역사를 가진 영국 건설공학회(Institution of Civil Engineers, ICE)가 건설의 역할을 명확하게 정립해놓았다[1]. 생활 주변에 흔히 볼 수 있는 도로나 철도, 학교와 건물, 의료시설과 생활용수 등 인공시설 모두가 건설 공학에 의해 구축되었다는 것이다. 건설은 인류 역사와 함께 시작되었고 인류가 존재하는 한 건설의 역할을 지속될 수밖에 없다는 뜻이다. 국민 모두가 일상생활에서 당연하게 생각하는 주거와 교통, 상하수도와 전력 에너지 등 인프라는 평소에 존재 가치를 체감하지 못하지만 제 기능을 다하지 못할 경우 생활의 불편함은 물론 경제 활동까지 제약을 받게 된다. 건설공학과 인프라는 공기와 같아 없으면 못 살지만 있을 때는 그 가치를 제대로 체감

---

1   https://www.ice.org.uk(2019), what is civil engineering

하지 못하는 특성이 있다.

인류 역사에서 최초의 성문법으로 불리는 기원전 1750년경에 제정된 함무라비법전 282개 조항 중 6개 항이 건설의 역할과 책임을 명시하고 있다. 우리나라 「헌법」에도 건설의 사명과 역할을 명시해 놓았다.[2] 법 제34조 ⑥항에 "국가는 재해를 예방하여 위험으로부터 국민을 보호하기 위해 노력~"라고 명시해놓았다. 여기서 재해는 자연재해는 물론 인재도 포함되어 있다. 국민의 삶과 경제 성장을 위해 구축된 인프라가 노후화되거나 붕괴됨으로 인해 국민의 생명과 재산에 피해를 야기할 수 있는 가능성을 원천 차단해야 하는 역할을 「헌법」에 명시해놓은 것이다. 현재 사용 중인 국토인프라의 74%가 2039년에 사용 기간 30년을 넘기게 된다.[3] 사용 기간이 30년 이상 경과 되면 노후화가 급진전 되어 품질과 성능저하는 물론 붕괴 혹은 파괴 위험이 급격히 늘어난다. '미국 쇠망론'을 주장했던 토마스 프리드먼[4]도 노후인프라의 위험성을 예측했고, 유럽이 건설투자 예산 중 과반이 넘은 51%[5]를 노후인프라 유지관리에 배정하는 것도 국민의 생명과 재산을 지키기 위함으로 판단된다. 이를 통해 건설의 역할과 책임이 '국민 안전과 생명을 보호'라는 것을 충분히 이해할 수 있다.

「헌법」 제35조 ③항에는 "국가는 주택개발 정책 등을 통해 국민이 쾌적한 주거 생활을 할 수 있도록 노력~"라고 명시되어 있다. 주택개발

---

2   국가법령정보센터, https://www.law.go.kr, 2022.3.25. 기준

3   이영환(2021), 『지속가능한 기반시설 유지관리』, 대한건설정책연구원, p. 92.

4   토머스 프리드먼, 마이클 만델바움 저, 강정임, 이은경 역 (2011), 『미국 쇠망론: 10년 후 미국은 어디로 갈 것인가?』 21세기북스, pp.25-64.

5   이상호(2018), 글로벌 인프라 투자 동향과 한국의 SOC 투자 정상화 방안, p. 29.

과 쾌적한 주거 생활은 양적 및 질적 공급을 충족시켜야 한다. 소득 수준 향상으로 국민의 주거 생활환경에 대한 요구 수준도 높아져 있다. 2021년 12월 기준 국민의 최대 관심사는 주택 수급과 쾌적한 주거 환경이다. 국민적 수요를 맞춰줘야 할 국가의 책임이 크다. 국가는 국민수요를 건설을 통해 해결하도록 되어있다. 국가와 건설이 가진 헌법적 사명과 책임을 다하지 못할 경우, 그 피해는 국민생활과 국가경제로 전가될 수밖에 없다. 건설을 단순히 주문에 의한 산업의 생산 활동으로 보는 것은 「헌법」이 명시하고 있는 국가와 건설의 역할과 책임을 축소하여 해석한 것이다. 국민소득이 35,000달러를 넘어섰고 한국이 개도국에 선진국으로 진입한 이때야말로 건설의 사명과 역할을 재정립해야 할 시기로 판단된다.

02

국가의 건설 비전(vision) 설계 주문

국가의 건설 비전은 국토인프라의 미래 모습

국가 차원의 건설 비전은 해당 국가의 미래 국토인프라의 모습이다. 국민이 쾌적하고 안전한 삶을 누릴 수 있고 국가 경제 성장의 버팀목이 국토인프라이기 때문이다. 한국경제가 국제사회에서 차지하는 위상이 높아질수록 자연스럽게 세계는 한국의 국토인프라를 주목하게 된다. 건강하고 안전한 국토인프라, 그러면서도 높은 품질의 국토인프라를 가장 짧은 공기로 가장 낮은 가격으로 공급할 수 있는 한국건설의 저력을 알게 된다. 국토인프라 없이 안전한 국민 삶이나 국토도 없다. 국민의 삶이 나아지고 국가 경제가 지속적으로 성장하기 위해서는 국토인프라 구축은 필수다. 따라서 국가와 건설이 추구해야 할 비전은 국제사회가 보게 될 한국의 모습이다.

비전은 현재보다 미래 세대에게 희망과 도전을 유발하는 자극제

비전의 사전적 의미에는 '볼 수 있는 미래 상황이나 혹은 이상이라는 의미'가 담겨 있다. 눈앞을 헤아려 볼 수 있는 혜안으로 통찰력을 발휘한다면 미래를 정확하게 예측할 수 있을까? 어느 누구도 , 심지어 인공지능도 미래를 정확하게 예측할 수는 없다. 20세기 최고의 경영대가로 꼽히는 故 피터 드러커(Peter Ferdinand Drucker) 박사는 미래를 외부에 맡기기보다 자신이 만들어가라고 주문했다. 비전의 의미에 대해 사전에 다양한 풀이가 있지만 공통점은 현재보다 미래에 중심을 두고 있다는 것이다. 한국건설에 국가 차원의 비전이 있는지에 대한 질문에 대답하기 힘든 것이 현실이다. 청년을 포함한 청소년들은 현재보다 자신들이 사회 진출한 후의 미래 모습을 상상한다. 즉, 지금을 보는 것이 아니라 미래를 보는 것이다. 손 훈 교수(2018)는 한국과학기술원(KAIST) 2학년 진입 대상자 700명 중 건설 및 환경공학과를 선택한 학생이 3명에 불과했다는 사실을 밝혔다. 유능한 이공계 집단으로 불리고 인정받는 대학에서 건설을 기피하는 이유는 분명하다. 제4차 산업혁명으로 불리는 최고·최첨단·최신기술, 스마트기술이 대세를 이루는 세계 시장 변화와 한국건설이 어느 수준에 와 있는지를 단적으로 보여주는 대표적인 사례다. 한국건설이 청소년에게 희망적인 미래의 모습을 보여주지 못하고 있다. 한국건설에 비전을 물을 때 되돌아오는 대답은 현재와 미래에 답을 줄 수 있는 바로 '비전'이 없다는 답 뿐이다. 건설이 국가와 사회가 포기할 수 있는 산업이 아니라는 것이 확실하다면, 답은 비전을 수립해야 할 책임이 한국건설에 있다는 사실로서 명백해진다. 회피하거나, 뒤로 미룰 수 있는 사항이 아니다. 건설이 비전을 수립하여 국가와 사회, 청소년에게 내놓아야 할 책임이 있다는 결론이다.

건설은 지금까지 약 8차례에 걸쳐 비전을 수립해왔다. 성과가 전혀 없었다고 할 수는 없지만 대체로 수립 자체만의 선언적 행사로 끝났다. 정부의 비전 수립은 한 부처 차원에서 국민에게 보여주는 데 중점을 두지만, 산업계는 정책과 제도 개선을 주문하는 수혜자 시각에 초점을 맞췄다. 단기성과 혹은 주관부처별 담당업무에 국한되었기 때문에 국가나 국민의 호응을 끌어내는 데 실패했다. 30년 이상이 소요되는 한 국가의 건설 생태계 혁신은 5년이라는 정부 임기로는 소화하는 데 한계가 있었다. 과거 일회성으로 수립했던 비전에 대한 반성과 급변하는 사회와 지구 환경 변화를 고려하여 전혀 새로운 접근 방식으로 비전을 수립할 것을 주문하고자 한다. 한국건설의 비전은 불확실한 미래에 대한 도전 정신과 청소년이 도전하고 싶은 야망을 보여줄 수 있는 희망이 담겨야 할 것을 제안한다.

비전 수립 과정에서 지켜져야 할 8大 원칙

비전을 대표하는 슬로건 혹은 캠페인은 간결하지만 분명한 메시지가 표현되어야 한다. 슬로건은 비전과 목표를 대표하는 간결한 메시지이기 때문이다. 다음에서 비전 수립 과정에 지켜야 할 원칙 8가지를 제시한다.

▌원칙 1 : 쾌적하고 안전한 국토인프라 구축 의무와 책임

한국경제는 지금까지 부족한 국토인프라를 양적으로 충족시키는 데 무게 중심을 뒀다. 국토인프라는 언제나 신규 공급 정책이 우선이었다. 사용 중인 국토인프라의 노후화로 인해 성능과 품질이 저하되고 국민

생명과 재산 그리고 경제에 위협을 가할 만큼 안전 문제가 심각해지고 있다. 국토부가 관리하고 있는 국토인프라의 74%가 2039년이 되면 사용기간이 30년 이상이 될 것이라고 발표했다.[6] 한편, 2015년 서울시민을 대상으로 조사한 '도시기반시설 중 교량 안전'에서는 35%의 시민이 불안감과 불만을 느낀다는 것으로 확인됐다.[7] 인구 천만 명이 이용하고 있는 서울지하철의 안전에 대해서는 시민 4명 중 1명이 불만족하고 있는 것으로 조사됐을 정도로 그 노후화의 정도가 심각해지고 있다. 국민 8,574명을 대상으로 한 최근의 연구에서도 생활 인프라에 대한 국민의 안전도 인식은 60점 이하로,[8] 이를 학점으로 환산한다면 낙제점에 가까운 'D'학점에 해당된다. 「헌법」 제35조 ①항에서 모든 국민이 건강하고 쾌적한 환경에 생활할 권리를 보장하고 있고, 동법 제35조 ③항은 모든 국민이 쾌적한 주거생활을 할 수 있도록 해야 하는 국가의 의무를 규정하고 있음에도 이를 충족하지 못하고 있는 실정이다.

▌원칙 2 : 요구하기 전 줄 것을 먼저 생각

지금까지 한국건설은 항상 수혜자 입장에서 요구만 해왔다. 국가와 사회에 무엇을 기여할 수 있을 것인지보다 언제나 물량 확대와 제값을 달라는 주문을 앞세워 왔다. 한국은 물론 세계는 기업의 사회적 책임 (Corporate Social Resposibility, CSR) 시대를 지나 공유가치 창조라

6   이영환(2021), 『지속가능한 기반시설 유지관리』, 대한건설정책연구원, p. 92.
7   서울토목학회, 서울대학교 건설환경종합연구소, 한국건설산업연구원 (2015), 서울시 인프라 시설의 안전 및 성능 개선 정책 방향 연구
8   이상호(2018), 글로벌 인프라 투자 동향과 한국의 SOC 투자 정상화 방안, 세미나 발표자료에서 발췌, 2018.4.12.

는 'CSV(Creating Shared Value)' 개념으로 빠르게 옮겨가고 있다.[9] 요구하기 전에 무엇을 줄 것인지가 먼저가 되는 세상으로 변했다. 기업의 기본 목적이 이윤 창출에 있다는 지금까지의 자본주의 이론이 공유가치 창출로 변한 것이다. 공유가치에서 한발 더 나아가 사회 정의와 환경, 공정이 추가된 ESG(Environment, Social, Governance) 경영체계가 확산되고 있다. 산업과 기업이 지속적으로 성장하기 위해서 승자 독식이라는 과거 프레임에서 벗어나 사회와 공감하고 산업이 협력하면서 수요자에게 어떤 가치를 돌려줄 수 있는지에 대한 고민하는 모습을 담을 것을 주문하고자 한다. 국가와 사회 그리고 수요자가 공감하고 지지할 수 있어야 한다.

▌원칙 3 : 시장과 수요자 만족

건설이 중심이 되어 생산하는 목적물은 교통, 수자원, 에너지, 폐기물, 도시와 주거 건물 국토 및 생활 인프라 등이다. 이들 목적물은 국민의 실생활과 직접적인 관계를 맺고 있다. 흔히 국토인프라로 지칭되는 이유는 국가와 국민경제의 기반이기 때문이다. 영국과 미국이 국토인프라를 각각 '경제의 중추(economic backbone)', '국가의 중추(America's backbone)'라 부르는 것도 국가와 경제를 유지시켜주는 주춧돌로 인식하기 때문이다. 건설을 개별사업(project)별로 보면 수요자는 발주자지만, 국가와 사회적 관점으로 보면 불특정 다수가 사용하는 것이기 때문에 수요자는 국민이다. 즉, 건설 기간 중에는 산업체가 중심이지만 완공 후에는 그보다 훨씬 장기간 수요자는 국민이 중심이 된다. 주인이 바뀌는 것이다.

---

9   조동성(2018), 기업의 모든 구성원이 참여하는 공유가치창조(creating shared value): 프로젝트에서 프로세스, Positive Impact 국제세미나 발표자료 발췌, 2018.2.2

건설에서 생산하는 상품인 국토인프라는 생산자인 엔지니어링 혹은 건설기업보다 수명이 훨씬 더 길다. 수요자를 배려하고 수요자 요구나 눈높이를 뛰어넘어서는 가치를 비전에 담아야 한다. 시장 경제에서 수요자는 값싸고(cost) 질(quality) 높은 상품(project)을 빨리(time) 갖기를 원한다. 건설 기간보다 훨씬 장기간에 걸쳐 사용되는 국토인프라에 대해 수요자는 성능(performance)은 높게 그리고 안전(safety)하게 이용하기를 원한다. 수요자의 요구를 생산 원가(cost)로 보기보다 완성 후 사용 중 가치(value)로 보는 시각이 필요하다. 품격 높은 건설이란, 높은 생산원가가 아닌 사용 중 가치가 높은 목적물이 되도록 한국건설의 비전이 수립되어야 한다. 지금까지 수립되었던 건설 비전이 건설에 중점을 뒀다면 새롭게 개발할 비전은 국토인프라의 전 생애주기를 대상으로 할 것을 주문한다.

▌원칙 4 : 정책과 제도의 기능과 역할 재정립 요구

한국경제 성장 기적은 국가 주도의 계획경제에 의존해 왔음을 부인하기 어렵다. 국토인프라 구축도 계획경제라는 큰 틀 안에서 이뤄져 왔다. 정부가 계획경제를 주도했다. 한국경제는 2018년을 기점으로 선진국 클럽인 인구 5천만 명에 개인소득이 3만 달러 이상인 '30-50'에 진입한 7번째 국가다. 국토 공간 활용 계획과 국토인프라 구축에 중심을 둔 정책과 제도의 역할을 제4차 산업혁명이라는 큰 변수가 등장하면서 재정립해야 한다. 정책과 제도가 주도했던 계획경제 체제에서의 역할이 시장 주도형으로 변화되어야 한다. 정책 및 제도 주도가 시장과 산업 발전을 위한 지원 역할로 변하는 것이 바람직할 것으로 판단된다. 윤석열정부의 정책공약집 및 국정과제에도 시장과 민간경제 활성화 약속이 제시되어 있다.[10] 한국건설의 모태법은 1958년에 제정된 「건설업법」(현 「건설산업기본법」)이다. 신규 인프라 공급에 초점을 맞춘 법과 제도가 시장의 글로벌화와 함께 생애주기까지 확대되어가는 추세에 능동적으로 대응하기 위해서는 정책과 제도의 기능과 역할을 재정립 하는 필요성을 비전에 포함시킬 것을 제안한다. 정책과 제도 역할 재정립 의미에는 정부 주도에서 산업체가 주도해야 한다는 사명감을 바탕으로 하고 있다. 글로벌 시장의 주된 플레이어는 산업체이지 정부가 될 수 없기 때문이다. 국가의 법과 제도는 국경을 넘어갈 수 없다. 산업체 서비스는 글로벌 시장이라는 무한시장에서 경쟁해야 하기 때문이다. 산업의 생산구조와 배타적 업역이 글로벌 시장을 향해 혁신되어야 할 이유는 충분하다. 건설이라는 울타리, 내수시장이라는 울타리 안에 머물러 있는 정책과 제도의 기능과 역할이 유효했던 시대는 지났음을 인정하자. 다소의 부작용을 각오하고서라도 정책과 제도의 기능과 역할은 재정립되어야 한다는 제안을 비전에 담을 것을 주문한다.

▍원칙 5 : 건설의 경영철학 혁신

건설은 개별사업(project)을 통해 최대한 수익을 챙겨야 생존하고 성장한다는 것이 현재까지 유효한 경영철학이다. 여기서 한 걸음 더 나가 기업이 사회적 책임을 다해야 한다는 사회적 책임론이 자리 잡기 시작했다. 사회적 책임론의 핵심은 벌어들인 수익 일부를 사회로 환원하는 데 있다. 기업의 존재 이유가 이익 추구에 있음을 인정하고 사업을

---

10 국민의힘(2022), 제20대 대통령 선거 국민의힘 정책공약집: 공정과 상식으로 만들어가는 새로운 대한민국, pp.61-63. 제20대 대통령직인수위원회(2022), 윤석열정부 110대 국정과제

통해 벌어들인 수익 일부를 사회에 돌려주라는 주문이다. 사회적 책임은 사후적 손익계산을 통해야 하는 사후정산 성격이 강하다. 현재와 미래는 점차 지속가능한 성장 시대로 가고 있다. 기업의 사업적 역할이 사후정산이 아닌 사전적으로 사회와 가치를 공유하는 시대로의 진입이 예고되고 있다. 공유가치를 창출하기 위해 건설 서비스를 제공한다는 인식이 필요하다. 현재와 미래는 기업과 산업이 사회와 공존·공생하는 시대로 가고 있다. 사후정산 방식은 개별 사업, 즉 프로젝트가 중심이지만 공존·공생은 비즈니스 중심, 즉 시작과 끝을 함께 하는 차이점이 있다. 제조업은 사후서비스(After Services, AS)가 일반화되어 있다. 건설은 예외라는 지금까지의 생각은 버려야 한다. 프로젝트는 시작과 끝이 명확하지만 비즈니스는 시작은 있으나 끝이 없다. 시장과 수요자와 수명을 같이 한다는 뜻이다. 최근 투자자 관점에서 공정하고 투명한 경영, 환경을 중시하는 'ESG'가 확산되고 있다. 새로운 변화다. 한국건설은 지금까지 해외건설시장을 먹거리와 기업의 수익 창출 수단으로만 인식했다. 그러나 가치창출·공유·공정이라는 개념으로 보면 전혀 다른 접근 방식이 필요하다.

한국건설의 비전은 국토인프라가 부족한 신흥국에게 압축 성장 과정을 밟으면서 체득했던 검증된 기술과 경험 그리고 노하우를 전수하거나 공유하는 길로 가야 한다. 한국경제 성장의 모멘텀이 되었던 주요 인프라가 신흥국에게는 지속가능한 성장 환경을 만드는 긍정적 파괴력(positive disruption)이 되기에 충분하다는 주장이다.[11] 한국건설의 향후 글로벌

---

11 전승현(2018), The Next Frontier: Creating Positive Impact for Sustainable Growth, Positive Impact 국제세미나 발표자료 발췌, 2018.2.2

시장 진입의 비전은 먹거리와 이익을 확보하는 방향에서 신흥국의 경제 성장을 견인하고 지속가능한 성장 환경을 구축하는 리더십을 발휘하는 데 중점을 두는 선언을 부각시키는 것이 바람직하다. 신흥국에게 한국 건설의 검증된 기술과 경험, 노하우를 전수하여 신흥국과 산업체가 기술과 경제에서 홀로서기를 할 수 있도록 지원하는 데 초점을 맞출 필요가 있다. 이를 위해서는 도급자 사고에서 기업가 사고로 전환하는 비즈니스 마인드를 가지도록 해야 한다. 이 길만이 신흥국의 수요자 그룹이 한국건설을 찾게 될 것이라 믿기 때문이다.

▎원칙 6 : 건설 주체별 꿈과 희망의 가시화

　제1차 산업혁명의 원동력이 되었던 증기기관, 즉 기계 기술이 발전하기 훨씬 이전에도 인류는 세계 7大 불가사의의 건축물을 건설할 만큼 도전적이었다. 성경에 등장하는 바벨탑의 높이는 약 90m에 불과하지만, 이 탑을 통해 인간이 신에 가까이 갈 수 있다는 확신을 가졌다. 인간은 여객기보다 빠른 초고속 지하철도(일명 '하이퍼 루프') 건설을 구상의 단계에서 나아가 실전으로 옮기기 시작했다. 중동에서는 높이 1,000m 이상의 건물도 건설 중이다. 해저 시범도시는 이미 건설되었고 미래 도시 모습으로 가는 스마트시티는 대세가 되었다. 인간이 상상할 수 있는 구조물을 건설하는 데 필요한 기술의 한계성이 빠른 속도로 소멸 될 것으로 예상된다. 국가와 산업체, 그리고 기술자 개개인이 미래 세대들에게 꿈을 보여줄 수 있는 상품을 가지게 만드는 제안을 새롭게 수립되는 비전에 담을 것을 주문한다. 한국건설이 유능한 젊은 인재들이 꿈을 실현시킬 희망으로 도전하도록 하는 비전을 가시적으로 보여줄 수 있도록 해야 한다. 현실에서의 실현 가능성 여부를 떠나 사이버 공간을 통해 보여줄 수 있는 대표적인 상품들을 건설 산업이 주체별로 가지도록 권장하는 내용을 비전에 포함할 것을 주문한다.

▌원칙 7 : 글로벌 인재 양성 목표

건설은 보편적으로 신기술 혹은 첨단기술을 접목하는 속도가 느리고 범위가 제한적이라는 비판을 받아왔다. 한국건설이 해외건설시장에서 경쟁 우위를 가질 수 있었던 배경에는 생산성보다 가성비가 좋았기 때문이다. 선진국 혹은 선진기업 벤치마킹 혹은 리버스(reverse) 엔지니어링 기술(일종의 '복제기술')로 승부할 수 있었던 시대는 이미 오래전에 끝났다. 수요자 구매 가격보다 낮은 가격, 즉 저가 입찰을 경쟁 수단으로 할 수 있는 시대는 더 이상 유지될 수 없게 되었다는 의미다. 가격이 아닌 기술 기반의 전략과 전술, 즉 시스템 역량을 강화하는 방향으로 가야 한다. 시스템 역량 구축의 핵심에는 우수한 인재 집단이 자리하고 있다. 보편적 지식과 경험으로 무장한 기술력보다 글로벌 시장을 주도할 수 있는 역량을 갖춘 글로벌 인재를 대규모로 양성해야 한다. 세계 건설시장은 평평한 경쟁이 아니다. 국가대표 선수들이 겨루는 올림픽 경기와 다를 바 없다. 기술력이 기반이 된 시스템 경쟁이 지배한다. 기술자의 기술 역량을 스스로 제약시키는 자격 및 등급제도는 평균 수준의 기술자를 양성 혹은 유지할 수는 있지만 글로벌 시장을 주도할 수 있는 고급인재 양성은 불가능하다. 글로벌 시장이 찾고 있는 핵심 인재 양성을 비전에 포함해야 한다. 글로벌 인재는 기술을 지배하는 것이지, 지배받는 것이 아니다.

❚ 원칙 8 : 일과 일자리 인큐베이터

건설 산업은 '선주문, 후생산' 혹은 '선발주, 후계약'이라는 고정된 개념을 버려야 한다. 지금까지 건설은 언제나 생산자로만 생각해왔다. 하지만 한국건설은 글로벌 도급계약 시장에서 이미 경쟁력을 잃어버렸다. 도급시장은 만들어진 도급계약자(contractor)의 시장이다. 한국건설은 국내는 물론 글로벌 시장에서 만들어가야 할 사업가 혹은 기업가(entrepreneur)로 위치가 변했다. 한국건설은 이제 도급시장에서 일감과 일자리 유지 혹은 확보할 수 없어졌다는 얘기다. 한국건설의 생태계가 변해야 하는 이유다. 도급계약자는 항상 정부와 시장에 투자와 물량 분배를 요구한다. 사업가는 수요자를 찾아 나선다. 수요자가 나서지 않으면 계약자는 주저앉지만, 사업가는 공급을 통해 수요자를 만들어낸다. 한국은 물론 전 세계는 지금까지 경험해보지 못했던 새로운 세상으로 진입하고 있다. 물리적으로는 생산자 역할에서 기계화 혹은 자동화, 사전조립 등의 기술이 사람을 대신하기 시작했다. 기계학습(machine learning)을 넘어 인공지능 시대로 진입하면서 사람의 지식 영역까지 진입이 확대되고 있다. 새로운 기술 발달이 인간 고유 영역이라는 일자리까지 급감시키기 시작했다. 테일러 피어슨(Taylor Person)[12]은 그의 저서 『직업의 종말』에서 2000년 이전에는 인류의 증가 속도가 일자리 증가 속도보다 1.7배 빨라 사람이 일자리를 선택하는 것이 가능했지만 2000년대 이후부터는 일자리 증가보다 인구 증가 속도가 2.4배 빨라졌다고 주장했다. 일자리 선택권이 사람이 아닌 기술에 좌우되기 시작했다는 뜻이다. 반대로 해석하면 일자리 증가 속도가 과거와 달리 느려졌

---

12 테일러 피어슨 저, 방영호 역 (2017), 『직업의 종말(end of jobs)』, 부키

다는 얘기다. 소수 직업에 다수를 고용하는 시대가 끝났음을 의미한다. 건설에서 생산하는 상품도 다양화시켜야 한다는 뜻으로 해석할 수 있다. 한국경제 성장의 발판이 되었던 산업단지의 시효도 끝났다. 산업단지가 일과 일자리를 만들어냈던 시대에서 도시가 일과 일자리를 생산하는 시대로 진입했음을 의미한다. 산업단지가 육체 노동력 중심이라면 도시에서 생산하는 일자리는 지식 노동력 혹은 지식근로자를 양산하는 시대로 진입함을 의미한다.

최근 이슈가 되고 있는 인공지능 혹은 스마트기술 등에서 마치 컴퓨터와 정보통신, 기계가 사람을 대체하는 것처럼 인식되어 인재의 중요성을 경시하는 경우가 많이 보인다. 그러나 현재까지 예측되거나 알려진 기술로는 사람을 완벽하게 대체할 수 있는 기술은 세계 어디에도 존재하지도 또 탄생하지도 않을 것이라 확신한다. 오히려 사람의 중요성이 더 커질 것으로 예측된다. 2022년 5월 출범한 윤석열정부의 110大 국정과제에도 인재의 중요성을 강조하고 있다. 국정 비전에 '다시 도약하는 한국경제'를 실현하기 위해서는 새로운 지식으로 무장된 인재가 절대적이라는 사실을 읽은 것으로 판단된다. 건설이 일과 일자리를 만들어내는 인큐베이터 역할로 변해야 한다. 그러기 위해서는 한국건설이 찾고 있는 지식과 지혜로 무장된 인재를 길러내는 인큐베이터 역할이 필요해진다. 기존 인력에 대한 직무전환 교육을 재교육 프로그램으로 연결시켜야 한다. 한국건설이 전통적인 하드웨어 프레임에서 벗어나 지식산업화로 가는 길로 가도록 비전을 수립해야 한다.

03

비전 실현을 위한 목표(goals) 과제 설계

비전을 실현시키기 위한 구체적인 목표

한국건설의 비전 정립 시 고려해야 할 원칙을 제안한다. 비전은 한국건설의 꿈과 희망이 담긴 미래 지향적 선언문 성격이 강하다. 미래 지향적 선언이라고 하지만 한국건설이 가야 할 방향과 원칙이 담겨 있다. 비전에 담은 내용은 한국건설이 지켜야 할 의무적 성격이 강한 사명(mission)이다. 이를 한국건설이 국가와 사회에 공헌해야 할 사명으로 인정한다면, 비전에 명시된 항목을 실현시킬 목표의 구체적인 계량값이 제시되어야 국민의 동의와 공감을 얻을 수 있다. 비전이 선언적 문서라면, 그 목표는 계량적 측정이 가능한 수준으로 상세하게 정립되어야 한다. 비전과 목표 달성에는 긴 시간과 노력이 필요함을 잊지 않아야 한다.

건설을 완전히 새롭게 재창조하기 위해서 필요한 최소 기간은 30년이 될 것으로 예상한다. 목표 설정은 30년 이내 달성이 가능한 계량값으로 하는 것을 제안한다. 한국건설이 세계에서 가장 강한 건설을 만들어 갈 기반을 완성하는 시기를 2050년으로 예상했다. 지속적인 노력이 가

해질 때, 2050년이면 한국건설이 세계 최고 위치에 올라갈 것이라는 확신이다. 미래 도전 과제는 힘들고 불확실하지만 건설이 반드시 가야 할 길임은 틀림없다. 도전의 길은 방향과 속도를 동시에 감안해야 실현 가능성이 높아진다. 본 건설환경종합연구소는 비전에서 제시된 목표 달성에 필요한 7大 과제를 제안한다. 계량적 목푯값에 대한 규모 및 결정은 산업과 국가의 몫으로 남겨 놓기로 했다. 대학 혹은 연구기관이 주도할 수 있는 성격이 아니라고 판단했기 때문이다. 비전이 선언적 성격이 강하기 때문에 계량적 목표와 1 : 1로 대응될 수 없고, 그럴 필요도 없다는 판단이다.

▌과제 1 : 30년 후의 눈높이로 목표 설정

보편적인 국민은 당장의 가시적 이익을 기대한다. 수요자인 국민의 눈높이를 능가하는 한국건설의 목표를 제시해야 동의를 얻을 수 있다. 국민에게 높은 기대 목표를 제시한 후 믿음과 기다림을 요구하는 게 순서다. 전통적인 자본주의 경제의 기본 인식은 최소 비용을 투입하여 최대 이익을 창출하는 것이고, 그것이 곧 기업 경영의 목표다. 건설도 예외가 아니다. 최대 수익을 만들어내기 위해 수요자가 예상하는 구매 가격에 최대한 접근시키고 투입 비용은 최소화하는 입찰과 생산의 기본 원칙으로 인식해왔다. 수요자와 서비스 공급자가 호혜적 관계보다 대치적 관계를 당연시했다. 전통적인 개념에서 한국은 설계엔지니어링을 포함한 시공까지, 즉 건설단계에서 수요자와 호혜적 위치에 올라서기 위해서 다음과 같은 5가지 목표 설정을 고려할 것을 제안한다.

첫째, 건설의 생산성 혁신 목표다. 생산성은 공기(time)는 단축시키고 투입 원가(cost)는 최소화시키는 계량적 목표다. 공기와 원가를 단축시키고 줄이는 수단과 방법은 전략과 기술이 기반이 되어야 달성할 수 있다. 기술을 상대적 가치(비교 우위)에 중점을 두라는 의미다. 기술 제공자 만족이 아닌 수요자를 만족시키는 데 초점을 맞춰야 한다.

둘째, 건설의 품질(quality)와 안전(safety)에 관한 계량적 목표 설정이다. 건설의 품질은 국내나 해당국 산업의 평균치보다 높게 설정하는 것이 바람직하다. 건설의 품질은 흔히 품질 하자의 발생과 동일시하고 있지만 재설계와 재시공을 방지하고 건설 중 불일치(non-conformance) 사항 발생을 억제하는 것도 포함해야 한다. 건설 현장에 발생하는 인명사고 빈도를 최소한 OECD 국가 평균값보다 낮게 설정할 것을 주문한다. 국가별 안전 기준에 대한 차이는 있을 수 있지만, 한국건설의 현장의 인명사고 발생이 세계 최저 수준이라는 인식을 줄 수 있을 만큼 정교하고 과감한 목표가 수립되어야 하고 관리되는 것이 바람직하다. 지금의 시각으로 보면 불가능해 보이는 목표로 설정할 것을 주문한다.

셋째, 건설 현장에서 빈번하게 발생하는 주변 환경에 대한 영향을 최소화할 수 있는 계량적 목푯값을 담을 것을 주문한다. 건설과정 중 발생하는 고체 폐기물 제로, 폐수 혹은 폐유 등을 재활용하는 방안도 담으면 좋을 것이다. 현장 공사 중 발생하는 먼지와 소음을 최소화하는 목표도 담을 것을 주문한다. 건설에 투입되는 소모성 자재와 비숙련 근로자도 최대한 주변에서 공급하는 방안을 담아 건설이 지역경제에 도움을 줄 뿐만 아니라 해당 주민에게도 피해를 주지 않는다는 사실을 부각시킬 것을 권한다. 건설은 전력에너지를 많이 사용한다. 유사 건설 현장과 비교하여 전력사용량도 획기적으로 줄인다는 목표도 제시할 필요가 있다.

넷째, 건설 현장에 투입되는 근로자의 보건 및 위생, 근무 환경 개선에 관한 목표도 제시하면 좋을 것이다. 건설 현장에 구축되는 공사용

인프라에서 작업 근로자에 대한 근무 환경을 개선하여 근로자가 질병으로부터 안전할 뿐만 아니라 근로자 복지 및 후생에도 질 높은 서비스를 제공한다는 목표를 제시할 것을 권고한다. 건설 현장 유형과 규모에 따라 표준 작업환경 인프라를 제공하는 계획도 담기를 주문한다.

다섯째, 건설공사 현장이 해당 지역 주민의 생활과 문화와 함께한다는 목표도 제시하면 좋을 것으로 판단한다. 건설공사가 장기간에 걸쳐 대규모로 진행된다면 해당 지역에 소재한 문화재의 보호 운동을 장려하고, 사이버 홍보관 등을 설치하여 주민들이 건설 현장을 찾아오게 만드는 전략적 목표도 제시하여 지역 문화에 기여한다는 인식을 심어줄 필요가 있다. 지역경제 및 문화 발전에 건설공사가 기여한다는 인식을 가질 수 있게 만드는 프로그램 개발에 대한 목표를 제시하는 방안이다.

▌과제 2 : 건설보다 자산의 가치를 높여주는 상품 공급 목표

한국건설이 생산하는 인프라 시설은 타 산업이나 타 국가에서 생산하는 것과 차별화됨을 부각시키는 목표를 제시할 것을 주문한다. 해당 국가나 지역의 인프라보다 평균 경제수명이 길고 에너지 사용량도 훨씬 낮다는 목표 수치가 포함되면 설득력이 높아진다. 경제수명기간 동안 발생하는 온난화 가스는 물론 유해성 가스 배출량이 산업 평균값보다 낮음을 계량적으로 낮춰주는 명품 건설이 필요하다. 이를 위해서는 시설 유지 및 보수비용이 낮아야 할 뿐만 아니라 폐기물과 폐수가 리사이클링되어 시설 밖으로 배출되는 양을 최소화하는 계량 목푯값을 제시하여 설득력을 높여 나가야 한다. 건설에서 생산한 목적물이 지역 문화 가치를 높여주는 자산으로 승격될 수 있다는 부대 효과까지를 극대화해주는 방안을 목표에 담을 것을 제안한다.

과제 3 : 건설 상품의 품질과 성능, 안전성을 보장하는 목표

한국건설이 30년 후 공급하는 인프라는 경제수명 동안 품질과 성능, 안전성을 보증하는 목표를 제시하는 게 바람직하다. 한국의 국토인프라는 2039년에 이르면 74% 이상이 사용기간 30년을 넘길 것으로 예상된다. 노후화로 인한 품질과 성능 저하, 그리고 붕괴나 혹은 성능 저하로 긴급 재난 발생 시 사고에 노출될 위험성이 증가할 수밖에 없다. 건설의 사회적 역할과 사명이 건강한 국토인프라를 만들어 국민의 생명과 자산을 보호하는 데 기본적인 목표가 있음을 분명히 제시해야 한다. 건설은 재난 발생 후의 사고 수습보다는 사전예방의 역할을 담당해야 한다. 가용 예산에 맞춘 국토인프라 유지 및 보수 수준은 국민경제와 국민의 생명을 담보하는 것밖에 되지 않음을 분명하게 밝힐 필요가 있다. 건설이 가용 예산에 맞추기보다 국토인프라가 반드시 갖춰야 할 품질과 성능 그리고 안전 조건을 지키기 위해 필요한 투자비를 조달하는 기본 전략 전환이 필요하다는 것을 주도적으로 국가와 국민에게 제시하는 목표를 제시하는 것이 바람직하다. 신규로 건설되는 국토인프라가 수명기간 동안 품질과 성능, 안전을 유지할 수 있는 설계 및 기술기준 재정립을 분명하게 제시할 필요가 있다. 양적 공급 중심에서 품질 만족 중심의 관리로 국토인프라 서비스에 대한 근본적인 패러다임을 변경하는 목표를 제시할 것을 주문한다.

과제 4 : 글로벌 인재 양성 프로그램 구축을 위한 목표

한 국가의 건설 역량은 인재와 시스템 역량에 좌우된다. 인재역량은 지식과 경험, 시스템(예: 기술 및 사업인프라 등)에 큰 영향을 받는다. 개인이 가진 역량은 개인의 무기에 지나지 않는다. 개인 무기에 의존한 경쟁력은 시스템의 지원을 받는 전략 자산과 전술과 비교할 수 없다. 글로벌 최고 수준의 경쟁력을 갖춘 건설기업으로 인정받는 미국 벡텔사는 인력의 지식과 역량을 높이기 위해 회사 내 대학 과정 운영은 물론 계속교육 프로그램(Continuing Education Program, CEP)[13]에 23,000개에 이르는 사내 교육과정을 운영할 정도로 인재양성에 투자하고 있다. 미국은 세계시장에서 국가 경쟁력을 높이기 위한 전략 중 과학기술인력 양성 정책을 주문했다. 부시 대통령은 2006년 연두교서에서 국가경쟁력 이니셔티브(American Competitiveness Initiative, ACI)를 주도하기 위해 과학기술 정책과 과학기술 인력을 양성할 것을 선언했다.[14] 국가 경쟁력이 곧 인재 경쟁력이라는 사실을 각인시킨 것이다. 인재양성을 위해서 대학의 기초인력뿐만 아니라 재교육 프로그램까지를 포함한 것이다. 이에 비해 국내 건설인력의 질적 역량 강화를 위한 재교육의 경우 재교육기관에 대한 만족도는 5점 만점 기준 2.8점, 교육과정과 내용, 강사진 등의 부족에 대한 응답은 59%에 이를 정도로 극히 낮다.[15]

　　건설이 글로벌 시장에서 상위권에 진입하기 위해서는 인재양성에 대한 프로그램 자체가 경쟁력을 가져야 한다. 한국건설이 개발하고 운영하게 될 글로벌 인재 양성 프로그램은 질적 및 양적에서 세계 최고 수준을 목표로 해야 한다. 글로벌 인재 양성 프로그램을 통해 습득되는 지식 수준은 선진기업은 물론 신흥국 건설기업에서도 벤치마킹할 정도의 수준이어야 한다. 글로벌 인재 양성 프로그램을 통해 신흥국의 기업 혹은

13　㈜한국전력기술(2006), 건설정보론
14　한국산업기술재단(2007), 미국의 경쟁력 강화를 위한 기술인력정책, 이슈페이퍼 07-06
15　서울대학교 건설환경종합연구소(2017), 건설기술자 실무교육 프로그램 개발 연구용역 II, 한국건설기술인협회 지원

공공기관과의 협력 관계를 맺는 인적 네트워크 구축의 효과도 노려볼 만하다. 글로벌 건설시장에서 한국건설이 운영하는 인재 양성 프로그램이 글로벌 인재를 양성하는 일종의 인재사관학교로 자리매김할 수 있는 수준이어야 한다.

과제 5 : 일자리를 창출해내는 인큐베이터 역할

양적으로 급성장한 한국건설은 기존 전략과 기술 수준으로는 도급시장에서 경쟁력을 유지하기 어렵게 됐다. 정부와 산업도 한국건설이 처한 현실을 공감하고 있다. 양적 성장의 한계를 넘어서기 위해서 건설은 '프로젝트(project)' 중심에서 '비즈니스(business)'로 역할을 확대해야 한다. 프로젝트는 계약에 의해 시작과 끝이 정해져 있는 한시적 일(temporary work)로서 대부분 도급방식이 채택된다. 건설시장에서 가장 보편적인 사업 영역이다. 한국건설이 가야 할 길에 투자개발형사업이 있다는 사실이다. 프로젝트는 만들어진 사업이지만 투자개발형사업은 만들어가는 사업이라는 점에서 근본적인 차이가 있다. 투자개발형사업의 역할은 프로젝트보다 앞으로 이동하고 끝도 공사 종료가 아닌 운영(concession)과 유지 및 관리(Operating & Maintenance, O&M)까지 확대된다. 비즈니스는 시작은 있지만 끝이 없다. 만들어진 시장은 양적 한계가 있지만 만들어가는 시장은 양적 한계가 없다. 창출 혹은 창조라는 의미는 '있는 것을 만들어내는 것'이 아닌 '無'에서 '有'를 만들어낸다는 것이다. 한국건설이 프로젝트에서 비즈니스로 역할 전환에 필요한 기술과 지식의 광역화가 불가피하다.

프로젝트에서 비즈니스로 넘어가기 위해서는 한국건설에 숨겨진 일자리를 양성화시켜야 한다. 시장분석에서부터 사업 전략 및 기획, 운영 및 마케팅은 국내 시장에서 양성화되지 못한 음지에 가려진 직무다. 사업을 창출하기 위해서는 가려졌거나 혹은 숨겨진 일을 양성화시켜 새로운 일자리로 만들어내야 한다. 국내에서 음지에 가려진 대부분의 기술 및 지식은 선진기업에서는 오히려 일상적 전문가 영역으로 인식되고 있다. 국내 대규모 국책사업에서 선진기업으로부터 컨설팅 서비스를 받았던 부분이기도 하다. 한국건설이 글로벌 시장에서 투자개발형 사업을 주도하기 위해서는 숨겨진 일이 필요로 하는 기술과 지식을 습득하고 역량을 강화시켜야 한다. 「건설산업기본법」내 건설에 대한 정의가 재정립되어야 하고 동시에 국가표준직무역량(National Competency Standard, NCS) 구분을 재정립해야 한다. 이것은 한국건설의 미래 생존을 위한 선택이 아닌 필수과정으로 받아들여야 한다. 현재와 미래는 융합기술과 디지털 기반의 산업이 대세다. 아날로그 기술 기반으로 제정된 NCS 기술 분류 수명은 끝났다. 기술과 산업의 경계선이 무너졌다. 타 기술과의 융합이 활성화될수록 유능한 인재가 시장으로 유입될 뿐만 아니라 건설이 일자리를 창출하는 인큐베이터로서 자리매김하게 된다.

▌과제 6 : 청년에게 건설의 꿈과 희망을 주는 목표

한국건설은 성장 한계에 닿았고, 열악한 근무 환경, 위험한 직업 환경 등으로 대변되는 '3D'의 대표적인 산업이 되버렸다. 청년들이 도전하고 싶고 삶의 목표로 삶을 만한 직업이 아니라고 생각할 수밖에 없다. 건설은 국가와 국민이 존재하는 한 사라지지 않는 안정된 시장이고 일자리다. 건설 현장에서 땀 흘리는 근로자를 '노가다'라는 말로 폄하하여 부르고, 드라마에서는 삶의 끝자락에서 누구나 갈 수 있는 곳으로 '막노동' 시장이 단골 메뉴로 등장한다. 사회의 어두운 면을 소재로 한 영화나 드라마에서도 건설 산업 종사자는 마치 정직하지 못한 부도덕한 사업가 혹은 정치꾼으로 등장한다. 이는 국민에게 사실을 왜곡시키는 데 상당한 영향을 미친다. 편안하고 편리한 집, 쾌적한 도로와 철도 등을 요구하면서도, 이를 생산하는 건설기술자와 근로자 및 사업가를 왜곡되게 폄하하는 것은 이율배반적이다. 국민을 비난하기보다 건설이 당당하게 나서야 한다. 절대 다수의 기업과 기술자 및 근로자는 부정과 부패, 부실과 관계가 없다. 소수의 사람으로 다수가 피해를 받고 있는 현실을 파괴해야 할 책임도 건설에 있음을 명심하라.

건설은 국민에게 비친 부정적 이미지를 혁신해야 할 의무와 책임이 있다. 건설은 국가와 산업체, 그리고 기술자 모두가 자신에게, 또 국민에게 건설이 추구하는 꿈과 희망을 보여줄 수 있는 그림을 그려야 한다. 정부와 산업계는 한국건설을 어떤 모습으로 만들어가는 것이 바람직한지를 보여주는 비전과 목표를 제시할 필요가 있다. 개별 기업에게는 먼 미래, 혹은 현재 추구하고 싶은 기술과 상품을 사이버 공간에 개발하여, 한국은 물론 전 세계에 유튜브 등의 기술과 네트워크를 통해 상시 공개하는 역할을 주문하고자 한다. 기술자 개인 차원에서 자신이 상상하는 기술 혹은 상품을 사이버 공간을 통해 보여주면 좋을 것이다. 자신이 추구하고 인류에게 보여줄 수 있는 가상의 공간을 개인 혹은 동호회 형식으로도 개발하여 사이버 공간에 띄워 국내는 물론 세계인들도 한국건설의 꿈과 희망을 느낄 수 있도록 한다. 사이버 공간에서 한국건설이 가진 꿈과 희망을 공유하는 분위기를 유도하여, 이 자체가 한국건설을 대표하는 사이버 건설 세상으로 발전될 수 있을 것이라 확신한다. 현재와 미래의 건설은 기술의 한계를 넘어 사람의 상상력과 도전 정신이 미래 지향적 세상을 만들어낼 수 있다는 확신을 가져야 한다.

▌과제 7 : 경험과 지식을 신흥국가와 공유하는 목표

한국경제는 1952년 6·25 전쟁으로 인해 철저하게 파괴된 국토에서 개인소득 수준이 3만 달러에 이르는 기적을 일궜다. 제1차 경제개발 5개년 계획에서 출발한 국토인프라 구축은 한국건설에게 일감을 제공했고 건설은 기술과 노력을 통해 필요한 지식과 경험을 쌓아갔다. 세계경제포럼(WEF)의 심층 분석 보고서에 따르면,[16] 세계 141개국 중 경제력과 국가 경쟁력이 13위로 평가되었다. 교통인프라 경쟁력은 100점 기준 87.6점으로 141개국 중 6위권에 랭크되어 있다. 한국의 경제 성장 기적은 전쟁과 가난에서 벗어나려는 노력에 더해, 전 세계의 도움이 있었기에 가능했다. 한국의 국토인프라 기술과 경험은 그 경제 성장의 도움을 받았기에 가능했다. 한국경제와 건설은 신흥국에게 도움을 주는 사명과 책임 의식을 가져야 한다. 국토인프라 구축을 통해 얻은 검증된 기술과 경험을 인프라 구축이 늦은 신흥국들과 공유하여 도움을 줄 수 있다. 한국건설이 성장 과정에서 선진국과 선진기업으로부터 받았던 기술전수 경험에서 한발 더 나아가 경험과 검증된 지식을 신흥국과 공유하는 전략으로 가는 것이 바람직하다. 수혜자와 공여자를 따로 구분하는 게 아니라 경험과 지식 공유를 통한 함께 성장하는 모델이 바람직하다. 신흥국이 찾아오기를 기다리는 것이 아니라 지식과 경험 공유 프로그램을 개발하여 찾아가서 도움을 주는 한국건설로 나서야 한다. 한국건설의 신흥국 지원 프로그램은 철저하게 '주는 것이 먼저(give)'고 '일감을 나누는 것은 후 순위(take)'라는 사실을 부각시킬 필요가 있다. 한국의 국토인프라 수준과 경험 및 지식은 신흥국들에게 국민들이 알고

---

16 World Economic Forum(2019), Insight Report, The Global Competitiveness Report 2019

있는 수준보다 훨씬 높게 평가받고 있다. 한국건설에 대한 국제 이미지와 인지도는 건설의 자산이다. 한국건설은 지금과 같이 자기만족 태도에서 벗어나 찾아가서 도움을 주겠다는 적극적이고 도발적 도전을 주문하는 이유다. 자산을 글로벌 시장을 통해 상품화시킬 책임은 한국건설에 있음을 명심하자.

목표 달성에 대한 강한 의지와 확신 주문

한국건설이 세계 최고 수준에 올라서기 위해서 반드시 최첨단이나 최신 기술로 무장할 필요는 없다. 첨단 기술로 평가받는 인공지능, 스마트기술, 로봇 혹은 자동화기기 등 어느 것도 처음부터 끝까지 자체적으로 건설을 생산할 수 있는 기술은 없다. 기존 기술과 융합해야 힘을 발휘하게 된다. 앞으로도 건설 외적기술로 건설을 지배하는 독자적인 기술은 나오지 않을 것으로 예상된다. 사람이 기계의 지배를 받는 게 아닌, 사람이 기계를 지배하는 인재가 되어야 하는 게 건설이다. 사람만이 건설의 프로세스를 설계할 수 있으며, 기술을 필요에 따라 부분적으로 활용하는 선택권은 사람에게 있다. 목표 달성에는 인재가 핵심이라는 것이 건설의 속성이다.

한국건설을 모태로 출발했던 조선과 자동차는 한국경제를 대표하는 전 세계의 챔피언 산업이 되었다. 건설이라고, 한국을 대표하는 글로벌 챔피언 산업이 될 수 없을 이유는 아무것도 없다. 그저 한국건설이 세계 시장에서 챔피언 산업으로 올라설 수 있다는 확신만 필요할 뿐이다. 7가지의 과제 목표를 달성할 수 있다면 30년 후인 2050년에는 세계 최고 수준에 올라설 수 있다는 확신이다. 30년간의 노력으로 세계 최강의 역량을 갖추게 된다면 2050년경에는 한국건설은 세계 최고의 위치에 올라서게 된다. 한국건설이 가진 꿈과 희망이 국내는 물론 세계인들과 공유될수록 한국건설의 이미지는 높아지게 되어 있다. 한국건설의 도전 무대는 울타리 안의 내수시장을 넘어, 전 세계를 무대로 해야 한다. 한국건설은 글로벌 시장에서 한국만(only Korea)이 아닌 핵심 코리아(core Korea)로 접근하여 세계 국토인프라 성장과 함께하는 전략을 펼쳐가야 한다. 신흥국에게는 한국건설의 검증된 기술과 경험을 공유하는 전략을 펼치고, 선진국에는 한국건설에 내재된 잠재력을 함께 공유하는 전략으로 간다면 충분히 승산이 있다. 한국건설의 미래는 선진국의 벤치마킹에 그치는 것이 아닌 한국의 고유한 미래 모습을 만들어가기에 달렸다.

04

목표 달성을 위한 전략(strategy) 설계

기본 방향과 원칙

국가 건설이 새롭게 수립하는 비전과 목표, 그리고 전략은 상호 연관성과 일관성이 확보되어야 한다. 지금까지 8차례 이상 정부 주도로 시도했던 비전과 목표와는 다른 길을 선택할 것을 제안한다. 한국건설은 더 이상 내수시장만을 대상으로 해서 생존과 성장이 가능한 처지가 아니다. 한국건설이 새롭게 수립하는 비전과 목표, 이를 달성하기 위한 전략은 글로벌 시장을 대상으로 해야 한다. 글로벌 시장은 울타리 안의 경쟁 무대가 아니다. 글로벌 시장, 특히 건설시장은 개별 기업이나 개인의 경쟁보다 국가 간 경쟁의 무대이다. 대표적으로 일본이 국가 차원에서 설립한 'JOIN', 프랑스의 해외교통인프라 지원 컨소시움 'EGIS', 캐나다의 원자로 수출기구 'AECL', 네덜란드의 해외인프라 지원 컨소시움 'Nedeco' 등은 세계 각국도 현 시대를 국가 대항전으로 인식했기 때문이다. 우리나라도 2018년에 해외시장 진출 확대를 위해 정부 주도의 '한국해외인프라도시개발지원공사(KIND)'를 설립했다. 중국 역시 해외건설 시장에서 대규모 투자개발형 사업을 전개할 목적으로 아시아인프라투자개발은행(AIIB) 설립 및 대규모 투자를 이어가고 있다. AIIB가 아시아권을 중심으로 한 '일대일' 구축으로 인프라 투자개발 시장을 주도하기 시작했다. 한국건설이 내세우는 비전과 목표는 건설만을 위한 전략이 아니다. 건설의 경쟁력이 곧 국가 경쟁력의 한 축이라는 사실을 제대로 인식해야 한다. 다만 비전과 전략은 건설에서 제시되지만, 이를 달성하기 위한 전략은 건설이라는 울타리만으로는 해결하기 어렵다. 범국가 차원에서 접근해야 실현이 가능한 전략들이다.

한국건설이 내세우는 비전과 목표의 최대 수혜자는 건설 스스로가 아닌 한국 국민과 신흥국임을 강조할 필요가 있다. 글로벌 시민을 위한 비전과 목표 달성을 위한 전략이 국내법과 제도로는 해결이 어렵다는 사실을 국민과 국가에 알려야 한다. 한국 국민과 지구촌 시민을 위한 전략이 법과 제도에 막힌다면 과감하게 정부와 정치권에 혁신해줄 것을 요구해야 한다. 법과 제도라는 장애로 인해 이를 포기하는 것은 「헌법」이 명령한 건설의 의무와 사명을 포기하는 것과 같다. 의무와 사명의 포기는 곧 내수시장에나 머물겠다는 안주 의식을 갖겠다는 것과 다를 바 없다. 한국건설의 비전과 목표는 확신을 바탕으로 한 과감한 도전이 필요한 과제임을 인식해야 한다. 확신은 성공할 수 있다는 자신감을 바탕으로 하지 않으면 달성하기 어려운 과제다. 노력의 대가가 거둬들일 수 있는 가치에 비해 크다면 당연히 도전하는 것이 정답이라는 기업가적 정신이 필요하다.

역량을 뛰어넘는 전략 개발

지금까지 수립되었던 비전과 목표 달성을 위한 전략은 당시 가용할 수 있었던 기술과 사회 수준을 기반으로 했었다. 주문하는 비전과 목표 달성의 소요시간을 최대 30년으로 예상했다. 우리 속담에 10년이면 강산이 변한다고 했다. 30년이면 강산이 세 번이나 바뀔 정도로 긴 시간이다. 1994년 다보스 포럼에서 프랑스의 미래 경제학자 조엘 드로네(Joel de Rosnay)는 과거 5,000년 간 세계의 변화를 주도하고 있는 주요 사건들은 시간이 흐를수록 1/10씩 단축되고 있음을 숫자로 증명했다. 1994년에 이미 현재 일어날 변화의 속도가 과거에 비해 10배 이상 빨라질 것이라 주장했다. 20년이 지난 2015년, 세계적인 컨설팅 기관 부설 연구기관은 현재 제4차 산업혁명 시대에 일어나고 있는 변화의 속도는 19세기 초 영국발 산업혁명보다 10배 이상 빨라질 것이라 예고했다.[17] 변화의 속도가 과거보다 10배 이상 빨라지고 있는 현실을 기정사실로 받아들인다면 한국건설의 비전과 목표는 과거에 비해 200년 후의 모습을 상상해야 한다는 의미다.

30년 후 한국건설의 모습을 그린다면 기술이나 제도의 한계를 넘어서는 과감한 전략이 필요하다. 생산성 50% 이상 향상과 같은 목표는 한국건설이 아니라도 영국과 미국 등 선진국이 이미 수립했던 목표였다. 더 이상 달성이 불가능한 목표가 아니라는 뜻이다. 현재 기술 수준과 법과 제도를 기반으로 향후 30년 후에 만들어질 한국건설의 모습을 재단하려 들지 말아야 한다. 30년 후 한국건설 생태계를 구축하기 위해서는 과거와는 완전히 다른 전략 개발을 주문하는 이유다.

---

17 McKinsey Global Institute(2015), The four global forces breaking all the trends

할 수 있는 과제보다 목표 달성에 필요한 전략 선택

과거의 목표와 전략은 달성 가능한 목표와 전략에 초점을 맞췄었다. 목표는 대통령 임기에 맞췄고 전략은 개별 부처, 특히 건설 주무부처 소관 업무로 한정했다. 건설이 경제와 산업기반의 국토인프라라는 사실을 외면했다. 교통인프라는 현재도 육상과 항공, 해상교통으로 그 소관 부처가 다르다. 과거 방식대로라면 교통 부문의 목표와 전략도 2/3와 1/3로 쪼개질 수밖에 없는 상황이다. 미국이나 영국과 같이 건설의 경쟁력을 곧 국가 경쟁력으로 인식한다면 과거의 칸막이식 목표와 전략으로 가서는 절대 성공할 수 없다. 칸막이식 전략 선택은 실행 가능한 것만 선택한다는 의미다. 목표 달성이 확실한 것만 선택한다면 곧 그 목표는 하향식이 될 수밖에 없다. 비전과 전략이라고 주장하는 것에 수요자인 국민에게 실감을 느끼게 하거나 혜택을 가시화시킬 수 없는 한계가 있다는 사실을 잊지 말아야 한다.

건설의 비전과 목표는 눈높이를 몇 단계 높여주고, 시장을 글로벌로 그 지평선을 넓히게 한다. 한국건설은 울타리 안 경쟁에서 나아가 울타리 밖 산업과의 경쟁뿐만 아니라 글로벌 기업과 국제간 경쟁으로 나서고 있음을 잊지 말아야 한다. 타 산업과의 경쟁뿐만 아니라 국가 간의 경쟁으로 가기 위한 목표는 한국건설이 당연하게 선택해야 할 목표다. 목표 달성을 위한 전략으로, 할 수 있는 과제를 선택했던 과거 관행에서 벗어나 반드시 실행해야 할 전략 과제를 선택하고 집중해야 비로소 성공할 수 있다. 반드시 도전해야 할 전략 과제는 선택 자체보다 어떻게 실행해갈 것인지에 대한 고민을 담아서 개발해야 한다. 실행 전략 개발에 몰입하라는 권고다.

선 전략, 후 예산

관료적 사고에서는 모든 국가 과제는 필요성이나 시급성보다 가용예산이 우선시 됐다. 예산의 지배력이 해야 할 과제보다 우선이었다. 국토인프라 노후화가 시간이 흐를수록 심각해지고 있어 구축된 인프라의 품질과 성능을 확신하기 어렵게 만들었다. 정책은 가용한 예산 한도 내에서 국토인프라 안전과 성능 개선에 투자하기 때문이다. 그러나 국토인프라, 즉 건설의 경쟁력을 곧 국가 경쟁력으로 인식한다면 예산보다 실행해야 할 전략 과제가 무엇인지에 대한 판단이 선행되어야 한다. 건설 신생태계 구축은 가용한 예산에 맞춰서는 실행되기 어렵다. '선 예산, 후 수요처 확인'에서 '선 수요처 확인, 후 예산' 정책으로 전환해야 혁신이 가능하다. 국토인프라에 대한 비전과 목표, 이를 달성하기 위한 전략 과제를 부분적 혹은 일과성으로 다루는 것은 그저 예산 낭비만을 초래할 뿐이다.

예산에 맞춘 전략 실행은 찻잔 속의 태풍이나 파장으로 끝날 가능성이 성공할 가능성보다 현저하게 크다. 예산에 맞춘 전략 실행은 비연속적일 가능성이 크기 때문이다. 어느 국가나 사회에서 공적인 활동에 투입할 수 있는 예산은 항상 부족하다. 한국건설이 생존 및 성장하기 위한 길로 인식하는 전략이 있다면 '사즉생(死卽生)' 각오로 수립하고 실행해야 한다. 한국건설에는 목표 달성을 위한 전략을 예산에 맞춰 실행해 갈 만큼 시간적 여력이 없다는 사실을 국민에게 호소해야 한다. 한국건설이 절박함으로 생태계 재생 목표 달성을 위한 전략을 수립하고 실행해가는 전략을 세운다면, 필요한 예산은 따라오게 되어 있다는 확신이 필요하다. 건설이 건설에 대한 신뢰가 없다면 국민으로부터 신뢰를 얻을 수 없다는 사실을 받아들인다면, 건설은 건설 스스로 비하나 절망의 분위기에서 벗어날 수 있다.

국민과 국가경제 미래를 위한 투자

세상에는 공짜가 없다는 것은 누구나 알고 있는 단순한 진리다. 어느 국가, 어느 사회도 개인의 불로소득의 세율이 근로소득보다 높게 잡혀 있는 것도 이 진리와 무관하지 않다. 상속세나 증여세의 세율이 높은 이유도 불로소득으로 보기 때문이다. 불로소득에 대한 높은 세율 적용을 보편적 상식으로 받아들이는 이유가 기저에 깔려 있다. 수익은 반드시 투자가 선행되어야 함을 묵시적으로 인정하기 때문이다. 투자는 불확실한 수익 효과라는 위험 부담(risk)이 따른다. 수익이 확실하다면 누구도 투자를 망설이지 않는 것도 예측 가능한 위험 부담 때문이다. 투자를 하는 이유는 투자 대비 수익에 대한 기댓값(Return On Investment, ROI)이 크기 때문이다. 비전과 목표 달성을 위한 전략 과제 수립과 실행에는 반드시 예산(budget)이 소요된다. 예산에는 양면성이 있다. 비용(cost)으로 보는 시각과 투자(investment)로 보는 시각이다. 한국건설이 비전과 목표 달성의 수혜자가 국민과 국가 경제임을 내세운다면 이에 소요되는 예산도 투자로 봐야 하는 것이 당연하다. 국민과 국가에게 돌려줄 미래 가치를 내세워 전략 과제 실행에 소요되는 예산이 투자임을 국민과 국가에 당당하게 요구하는 것이 맞다. 예산을 구걸하던 과거의 산업의 태도와 관료적 사고에서 벗어나야 한다.

이처럼 미래 가치를 얻기 위한 투자로 인식한다면 이에 필요한 투자비를 조달하는 방법은 산업과 정부가 상호 협력할 수 있는 공동의 과제가 된다. 반대로 이를 비용으로 인식하게 된다면, 가능한 한 예산을 줄이려는 분위기가 형성된다. 예산이 과제의 우선순위를 지배하는 환경이 되면 목표 달성이 어렵게 된다. 비전과 목표가 높을수록 투자비에 대한 리턴도 높아진다. 이를 역으로 말하면, 낮은 비전과 목표는 적은 비용을 요구할 수 있다. 문제는 낮은 비전과 목표만 가지고는 글로벌 시장의 국가 간의 경쟁에서 한국건설이 설 자리를 잃게 된다. 미래 전략 수립과 실천 과제에 투자되는 비용은 프로젝트 개념보다 비즈니스 개념으로 접근해야 성공할 수 있다. 프로젝트는 끝이 정해져 있어 투자의 한계가 있지만 리턴은 시간적 한계가 없어 비즈니스와 차이가 있다. 비전과 목표 수준의 눈높이는 한국건설의 선택 사항이 아니다. 국토인프라에 대한 공급과 유지관리에 대한 책임을 가진 건설도 국가나 사회의 선택 사항이 아닌 것과 마찬가지라는 결론에 도달하게 된다. 포기할 수 없다면 수혜자인 국민과 국가에 전략 수립과 실행에 소요되는 예산을 당당하게 밝히고 요구해야 한다. 신생태계 구축의 주도가 설사 산업계에 의하더라도, 필요한 재원은 국가와 산업계가 공동으로 분담해야 함을 주저하지 말고 밝혀야 한다.

기술기반의 전략 설계

한국건설은 몇 번의 부침이 있어 왔지만, 결과적으로는 지속적인 양적 성장을 해왔다. 양적인 성장만큼 질적인 성장을 했는지에 대해서는 긍정보다는 부정적 인식이 많다. 내수시장은 기술보다 법과 제도 등 정책의 영향이 컸다. 한국의 법과 제도는 기본적으로 포지티브(positive) 방식이다. 법과 제도가 허용하지 않는 것은 할 수 없다는 것이다. 법과 제도가 사회 발전을 이끌어가려면 기술의 발전 속도나 크기보다 법·제도 발전이 선행되어야 한다. 한국건설의 모태법은 1958년에 제정된 「건설업법」(현 「건설산업기본법」)이다. 「건설업법」과 「건설산업기본법」 모두 건설의 정의를 건설공사로 정립해놓았다. 건설공사는 시공이 중심이

된 한시적인 프로젝트다. 글로벌 시장의 건설은 프로젝트에서 이미 비즈니스로 그 지평선이 변했다. 당연히 기술의 범위 혹은 경계선이 건설공사와는 비교가 될 수 없다. 국내에서 소프트웨어 기술로 인식된 엔지니어링 기술도 그저 건설공사를 지원하기 위한 지원 역할로 인식하는 실정이다. 공학(엔지니어링) 기술이 시장을 선도하는 글로벌 시장과 앞뒤가 반대로 바뀌었다. 국내 법·제도도 포지티브(positive)에서 네거티브(negative)방식으로 전면 전환 될 가능성은 극히 낮아 보인다. 다만 정부나 정치권에서 규제 완화 차원에서 네거티브 방식으로의 전환이 필요하다는 사실은 충분히 공감하고 있다. MB정부에서 규제 완화 슬로건으로 규제의 '대못'을 빼겠다고 했고, 박근혜 정부는 "손톱 밑의 가시"를 내세웠지만 건설 관련 규제는 오히려 더 늘었다. 문재인정부에서는 네거티브 방식으로의 전환을 위해 '규제 샌드박스 4대(ICT, 금융, 산업융합, 지역특구) 입법'을 내세우면서 규제를 완화하겠다고 선언했다. 그러나 현실은 규제가 더 늘어났다. 규제 관련 입법이 국회를 중심으로 시간이 갈수록 늘어나고 있는 사례를 현실적으로 보여주고 있다. 18대 국회 60건, 19대 국회 73건, 20대 국회에서는 2년이 채 안 된 시점에도 불구하고 44건이나 발의되어 19대 국회의 입법 발의 건수를 넘길 것으로 예상되고 있다.[18] 제20대 대통령 당선인의 공약에서 비록 규제혁파를 통한 시장 활성화를 강조했지만, 이미 만들어진 법과 제도를 통·폐합하는 데 상당한 시간이 소요될 것으로 예측된다.

법·제도는 국가나 사회의 평균을 지향하기 때문에 변화 속도가 느릴

---

[18] 전영준(2018), 건설하도급 규제개선 방안, 건설 생산체계 혁신 세미나 발표자료 발췌, 2018.2.8.

수밖에 없다. 이에 비해 기술의 발전 속도는 엄청나다. 2015년 다보스 포럼에서는 전 세계 산업발전을 가로막는 10大 장애 요소 중 신기술 부족과 기술의 변화 속도 등 기술과제 2개가 포함되었다.[19] 2016년 다보스 포럼에서 제기됐던 아젠다에서는 제4차 산업혁명에서는 기술 변화의 속도가 제1차 산업혁명보다 10배 이상 빨라졌음을 예로 들었다. 법·제도에 의존했던 한국건설을 기술이 주도하는 혁신의 길로 들어서야 하는 이유는 충분하다.

기술 기반 전략의 5大 충족 조건

한국건설이 신생태계 구축을 위한 비전과 목표 달성을 위한 전략 수립에서 기술이 중심이 되어야 하는 이유는 과거 8차례나 시도됐던 비전과 목표가 기술보다 법·제도가 주도했기 때문이다. 기술이 주도하는 전략을 수립하기 위해서는 5大 전제 조건을 충족시킬 수 있어야 한다.

▌첫 번째 조건

기술 가치에 대한 관점을 절대가치에서 상대가치로 바꿔야 한다. 절대가치란 선진국 혹은 선진기업과의 기술 격차를 줄이는 데 동원되었던 기술 자립 혹은 기술 국산화에 무게 중심을 둔 것을 의미한다. 한국기술자가 외국의 도움 없이도 자력으로 문제 해결이 가능한가를 기준으로 기술의 가치를 판단했다. 과거 내수 중심의 시장에서 국산화는 외화 유

---

19 정욱, 임성현(2015), 『2015 다보스 리포트: 불확실성과 변동성의 시대, 성장 해법을 찾다』, 매일경제신문사, p. 29.

출 방지라는 명분이 있었기에 유효했던 수단이었다. 지금은 주력 시장을 글로벌 시장으로 옮겨야 생존과 성장이 가능한 시대다. 기술 가치가 절대가치에서 상대가치로 변한 것이다. 단순히 '할 수 있는지'보다 '더 잘 할 수 있는지'로 가치가 바뀐 것이다. 기술에 경제성과 부가가치가 추가된 셈이다. 글로벌 시장에서 일감과 일자리를 만들어내기 위해서는 수요자에게 어떤 가치를 더 줄 수 있는지의 경쟁 환경으로 변한 것이다.

▍두 번째 조건

기술의 경계선과 한계선을 없애야 한다. 울타리 안의 건설기술 혹은 요소기술에 집착하지 말고 타 산업의 기술을 융합하거나 통합하여 새로운 기술로 둔갑시키는 융합기술 활용을 일상화시키는 전략을 펼치라는 주문이다. 건설공사 중심의 경계선과 오직 건설기술이라는 한계선으로는 글로벌 무대에서 건설 비즈니스 경쟁에서 절대 승부를 기대할 수 없기 때문이다.

▍세 번째 조건

최고·최첨단·최신 등 이른바 '3最' 환상에서 벗어나야 한다. 상대가치는 반드시 3最가 되어야 할 이유는 없다. 제조업에는 시제품이라는 실험단계가 있다. 건설에서 생산하는 인프라는 시제품이나 실패가 허용되지 않는다. 그럼에도 불구하고 검증되지 않는 3最 기술만이 건설을 첨단화시킬 수 있다고 주장하면서 프로젝트 자체를 시험 무대로 만들려는 사람이 많다. 3最 기술 때문에 인프라를 시험 무대로 만들지 말라는 주문이다.

▍네 번째 조건

기술 디자인 개념을 도입하는 전략을 수립하라는 주문이다. 기술 디자인이란 기술개발 및 자체 보유보다 검증되고 활용 가능한 기술을 조합하여 생산성과 경쟁력을 높이는 기술 전략 혹은 기술 설계 역량을 의미한다. 오래전부터 한국건설은 기술자립을 위해 모든 기술을 국산화시켜야 한다는 강박감에서 막대한 비용을 R&D에 쏟아부었다. 한국 건설기술이 'α'에서 'Ω'까지 모든 걸 자체 내에서 독자적으로 소화해야 할 이유는 이미 사라졌다. 기술에도 '선택과 집중', 즉 핵심과 협력 혹은 아웃소싱 전략이 필요한 시대를 인정해야 한다. 기술의 상대가치를 높이기 위해서는 경제성을 최대한 높여야 한다. 이 목적 달성이 가능하기 위해서는 타 산업이나 타 기술, 국경을 초월한 기술을 활용할 수 있는 기술 디자인 혹은 기술 전략의 실체를 인정해야 한다.

▍다섯 번째 조건

보이지 않는 기술의 실체를 가시화시키는 기술 전략을 수립하라는 제안이다. 한국건설이 글로벌 시장 무대에서 경쟁하기 위해서는 정보와 지식, 엔지니어링 기술 등 소프트 파워 역량을 강화해야 한다. 한국건설이 선진국에 비해 극히 취약한 부문으로 지적받는 개념설계(conceptual design), 시장에 대한 심층 분석(insight), 예지력(foresight), 초기설계기술(FEED) 등은 국내 「건설산업기본법」이나 「건설기술진흥법」 범위 밖에 있을 뿐만 아니라 국가에서 공식적으로 기술을 분류한 국가표준직무역량(National Competency Standard, NCS)에도 포함되어 있지 않은 공학기반의 기술이다. 비전과 목표 달성을 위한 기술기반 전략은 NCS 밖으로 가야 한다는 아이러니다. 당연히 기술 주도의 전략을 마련하기 위해서는 건설공사에서 건설 비즈니스로 가기 위한 법·제도 개혁(reform)이 요구될 수밖에 없는 현실을 인정해야 한다.

한국고유의 전략 모델

한 국가의 건설은 법과 제도 기반에 의해 수요와 공급이 이뤄진다. 건설의 주력 시장인 국토인프라는 정책과 제도에 의해 구축된다. 법과 제도는 한 국가의 고유한 체계다. 한 국가의 법과 제도는 국가 간 이동이 불가능하다. 건설이 한국 고유의 길로 들어설 수밖에 없다는 의미다. 한국건설은 지금까지 선진국의 법과 제도, 그리고 산업 전략을 벤치마킹하여 모방해왔다. 빠른 복제를 곧 국가의 경쟁력으로 인식했다. 그러나 한국은 더 이상 선진국을 모방할 수 있는 위치가 아니다.

한국건설은 빠른 추격자(follower) 위치의 가성비 기반으로 경쟁으로는 신흥국은 물론 선진국 기업도 이길 수 없다는 사실을 알고 있다. 추격자가 선도자(leader)를 이길 수 있는 방법은 낮은 가격이나 짧은 공기를 내세우는 것뿐이다. 한국건설의 포지션은 이 단계를 이미 오래 전에 벗어나 있었다. 다만 우리가 제대로 받아들이지 않았을 뿐이다. 한국건설이 글로벌 무대에서 경쟁하기 위해서는 독창적인 기술 전략 모델을 수립해야 한다. 고유 모델을 내세워야 하는 것은 건설뿐만 아닌 우리나라 산업 전반에 걸친 문제다.[20] 한국건설이 익숙해져 있었던 선진기업 혹은 선진국의 모방 기술과 가성비 기반 경쟁은 소득 수준이 2만 달러 이하의 고도성장 시대에서나 가능했다. 한국건설의 기술 전략은

20　이정동 (2017), 『축적의 길』, 지식 노마드

독창적인 모델을 수립해야 한다. 선진국 혹은 선진기업의 기술 전략을 벤치마킹하는 관습과 관행에서 독자 전략 모델을 개발해야 하는 것이다. 고유 모델이라고 반드시 3最일 필요까지는 없다. 한국건설에 내재된 검증된 경험과 지식을 토대로 기술 전략 기반을 설계하면 한국건설만의 독창적인 모델이 될 수 있다는 자신감이 필요할 뿐이다. 선진국이나 기업의 기술 전략을 벤치마킹하거나 복제하는 방식으로는 한국건설의 고유한 모델을 만들어낼 수 없다는 한계성을 스스로 인정할 때다.

개인과 산업체의 상상력을 기술로 실현시키는 사이버 전략

2015년 1월 다보스 포럼에서 이미 산업과 기술의 경계선 붕괴가 예고되어 있었다. 물리적 통합을 넘어 속성의 통합인 융합시대로 진입했다는 의미다. 기계산업의 대표 주자였던 자동차가 전기·전자 산업의 대표 주자로 자리매김하는 것도 같은 맥락이다. 개인이나 기업이 지금 상상하는 모든 기술이나 상품은 반드시 실현된다. 시간의 문제일 뿐이다. 한국건설이 상상하는 기술과 상품을 사이버 공간에서 표현할 수 있는 놀이공간을 만들어 개발자나 일반 국민이 함께 공유하는 전략을 수립하는 접근 방식이 설득력 있다. 건설의 수요자인 일반 국민과 사이버 공간에서 한국건설이 가진 꿈과 희망을 공유함으로써 비전과 목표를 달성하는 데 일반 국민이 응원자로 나설 수 있는 분위기 메이커 역할을 만들어내는 전략이 큰 힘을 발휘하게 될 것이라는 확신이다.

건설기술자나 산업체가 개별적으로 꿈과 희망을 사이버 공간에서 실현시킬 수 있는 무대를 만들어 우리 국민은 물론 전 세계인들이 공감할 수 있도록 함으로써 자연스럽게 기술 경쟁이 촉진되도록 유도하는 전략 수립이 필요하다. 접속자가 많은 기술이나 상품을 TV나 유튜브 등에 등장시켜 한국건설이 가진 잠재적인 꿈을 최대한 홍보하는 효과를 끌어내는 전략도 공감대를 넓힐 수 있는 방안 중 하나이다. 한국건설에 내재된 부정적인 이미지를 혁신할 수 있는 기회를 부수적으로 만들어내는 효과도 있다. 사이버 공간은 반드시 물리적 공간으로 현실화될 수 있는 것이라는 확신이 필요하다. 제4차 산업혁명의 핵심이 사이버와 물리적 공간의 통합이라는 세계경제포럼 의장인 클라우스 슈밥(Klaus Schwab)의 발언도 이를 뒷받침하고 있다. 사이버 공간에서 기술과 상품 설계는 장소와 시간에 구애도 받지 않는다. 그리고 상상력에는 제한이 없다. 물리적 공간 창출에 비해 큰 투자도 필요하지 않다. 오직 스스로 상상에 한계선을 긋는 태도와 노력하지 않는 방관자 태도가 걸림돌이 될 뿐이다.

지속가능한 전략 체계 구축

비전을 실현시키는 목표는 분명하고 흔들림이 없어야 한다. 목표 달성이 어느 한순간이나 일시에 이뤄질 순 없다. 목표 달성을 위한 방향은 변함이 없어야 하고 속도는 빠를수록 좋으나 중도에 중지 혹은 중단되면 성공할 수 없다. 지구전에 시간은 소요되지만, 방향과 원칙에 흔들림이 없어야 한다. 물론 가는 길에 보완 혹은 개선이 필요한 것은 맞다. 목표 달성을 위한 전략 실행 과정이 다양한 이유로 인해 잠시 중단되더라도 중지되지는 않을 때 지구전이라는 단어를 쓸 수 있다. 지금까지의 비전과 목표 달성의 완성도가 떨어졌던 가장 큰 이유 중 하나가 지속가능하지 않았기 때문이다. 지속가능한 전략 체제 구축이 절대적으로 필요하다. 지속가능하기 위해서는 전략 과제별 오너십을 부여하여 소명과 책임을 분명히 하는 전략이 필요하다. 전략 과제별 오너십을 부여하는 가장 큰 이유는 비전과 목표를 달성해야 할 책임 주체가 한국건설이기 때문이다. 전략 과제별 책임자를 명확히 하는 이유는 지속가능 체제를 수립하기 위해서다. 또한 과제별로 오너십을 부여하는 것은 외부의 어떠한 간섭이 있더라도 올바른 방향이라면 흔들리지 않기 때문이다. 과제 책임자별 흔들림을 방지하기 위해서 이러한 오너십을 명문화하여 지속적으로 추진할 수 있도록 하는 지속가능한 체제 구축을 요구하는 이유다. 이는 동시에 당장의 전략 과제가 완료됐을 때도 목표 달성의 모습의 명확한 그림에 대한 오너십을 가지도록 하는 전략적 효과도 담겨져 있다.

정치·정권 영향에서 벗어나는 전략

과거에 수립했던 비전과 목표 달성이 완성되지 못했거나 혹은 실패했던 주된 이유는 전략의 성패보다 대통령제 중심의 정권과 정치권의 영향을 지나치게 받았기 때문이다. 정권 임기에 맞춘 목표와 전략은 지속가능성이 보장될 수 없었다. 더구나 정권이나 선출직 정치권은 임기 내에 성과를 가시화시키려는 경향이 높다. 단기 전략은 지속가능성이 떨어진다. 비전과 목표 달성에는 최소 30년이 소요된다. 임기 5년의 단임제 대통령이 6번, 임기 4년의 국회의원이 8번 교체될 수 있는 시간이다. 현재까지 정부나 정치권의 교체와 무관하게 정책이 일관성 있게 지속된 사례가 거의 없었다는 것이 경험적 판단이다. 전략 수립의 기초로서 정권과 정치권 영향의 굴레로부터 자유로울 수 있는 전략을 선택하고 개발하라는 주문이다. 한국건설이 시도하는 비전과 목표 달성은 30년 후 한국건설의 모습임을 명확히 인식해야 한다는 주문도 이런 배경이다.

계량적 평가시스템 구축

한국건설의 비전과 목표 달성을 위한 노력이 현실화되고 있음을 국민과 함께 체감하기 위해서는 계량적 평가시스템을 개발하고 목표 달성 과정을 계량화시킨 성과지수(Key Performance Index, KPI)로 공개하는 전략을 개발하는 것이 필요하다. 전략 과제별 평가시스템을 통해 분석된 성과를 지수(KPI)로 보여줌으로써 한국건설은 물론 국민이 체감하고 건설 산업이 스스로 자긍심을 가질 수 있도록 하는 체계를 구축해야 한다. 전략 과제별 오너십은 명예와 자부심을 갖게 만들 수 있다. 평가한 결과를 정기적으로 공개하는 체계를 갖추면 지속가능성도 동시에 높아진다. 한국건설의 비전과 목표의 수혜자가 국민은 물론 지구촌 시민을 위한 길이라는 사실은 감안하면 KPI를 영문화와 병행시켜 지구촌 수요자 그룹과 교감하고 특히 신흥국 건설 관련 정부 기관에 상시 공개하는 전략을 펼치는 것이 필요하다. 목표 지점에 도달하는 잔여 거리와 시기를 인포그래픽화하는 전략을 펼치면 도움이 될 것으로 본다. 목표 달성에 따라 수혜자인 국민과 신흥국이 국토인프라 구축을 통해 얻을 수 있는 경제적 가치를 가시적으로 보여주는 전략도 필요하다. 신흥국의 시장이 클수록 경제적 가치가 더 높아진다는 사실을 염두에 둬야 한다. 한국건설의 주 고객이 우리 국민에서 세계 전체로 확대될 수 있다.

혁신의 수혜자와 공유하는 체계 구축

한국건설이 내세운 비전과 목표는 우리 국민만을 위한 혁신이 아닌 지구촌 시민 수요자를 위한 혁신임을 알려주는 전략 개발이 필요하다. 한국건설이 수립한 비전과 목표가 수요자 그룹을 위해 헌신하는 자선단체처럼 비치게 만드는 전략을 펼칠 것을 주문한다. 한국건설의 비전과 목표의 최대 수혜자이면서 수요자는 국민과 세계인임을 철저하고 끈질기게 내세우는 게 좋다. 가랑비에 옷 젖는 것과 같다. 한 번의 선언으로 노력을 다했다는 사고는 절대적으로 피하는 게 좋다. 한국건설의 비전과 목표는 일회성의 이벤트가 아니다. 수요자 그룹에게 한국건설이 지향하는 비전과 목표가 지속적으로 실현되고 있다는 사실을 객관적으로 상시 알려줘야 공감을 얻을 수 있다. 한국건설의 비전과 목표 그리고 전략 과제, 특히 신흥국 건설 인프라 구축에 대한 내용을 영문화시키고 평가지수도 영문을 병행하여 세계인과 공유하는 체계로 갈 것을 주문한다. 효과에 따라서 프랑스어와 스페인어도 추가할 수 있을 것이다. WTO 언어권이 전 세계를 대부분 포함하고 있기 때문이다.

역할 분담이 분명한 전략

전략 과제와 목표 달성 항목별 책임자 혹은 기관을 실명으로 지명하도록 한다. 책임자는 목표 달성을 위한 전략 과제임을 분명하게 인식하고 자신의 역할이자 사명임을 상시적으로 인식할 수 있도록 오너십을 가져야 하고 지속적으로 상기시키는 전략적 구상이 필요하다. 전략의 실행 과정 설계와 실천 책임이 계량적으로 평가될 수 있도록 하기 위해서, 전략 과제별 오너십을 부여하여 계량평가시스템에서 결과가 나오는 것과 병행하여 책임자가 항상 표기되도록 하는 전략이 필요하다. 비전과 목표 달성을 위한 전략은 정부의 한 부처나 어느 한 민간단체의 힘만으로는 지속가능성을 갖지 못한다. KPI를 공개하는 것은 수혜자와 이를 공유하는 효과도 있지만 전략 과제별 오너십과 전략 세부 과제별 책임을 명확히하는 효과가 있기 때문이다.

글로벌 인재 사관학교 운영 전략

어느 산업이나 인재의 중요성은 국가가 강조하는 분야다. 지금은 제4차 산업혁명과 디지털화 시대다. 아날로그 기반의 기술인재는 더 이상 설 자리가 없어진다. 윤석열 정부의 정책공약집에 '희망사다리교육'이 담겨 있다.[21] 흔히 건설의 자산을 '사람'이라 말한다. 건설에서 사람을 빼면 책상만 남는다는 얘기도 이와 맥을 같이 한다. 여기서 사람은 보편적인 사람이 아닌 '인재'를 말한다. 지식과 경험, 역량을 갖춘 사람을 우리는 인재라 부른다. 국내에서 기초 공학 지식을 심어주는 대학의 건설공학은 기술자 재교육 프로그램은 국가에서 정립한 국가직무능력표준(NCS)을 기반으로 하고 있다. 국내 건설의 직무를 정의한 NCS는 「건설산업기본법」에서 정의한 건설공사 범위 내로 한정하여 정립되어 있다. 「건설산업기본법」에 정립된 건설의 범위는 이제 수명을 다했다. 한국건설이 내세우는 비전과 목표의 대상은 내수시장에서 글로벌 시장으

---

21 국민의 힘(2022), 제20대 대통령 선거 국민의 힘 정책공약집: 공정과 상식으로 만들어가는 새로운 대한민국, pp. 225-230.

로 무대를 넓혔다. 내수시장만을 위한 건설공사 중심의 인재로는 글로벌 시장에서 경쟁하기 어렵다. NCS에서 중분류한 토목과 건축 구분은 비즈니스가 아닌 건설 공사의 공종 분류로 현장 시공 직무 중심이다. 한국건설이 도전하는 글로벌 인프라 시장은 프로젝트가 아닌 비즈니스 중심이다. 기존의 대학 및 재교육 프로그램으로는 글로벌 시장 수요를 만족시킬 수 없다. 한국건설의 비전과 목표 달성을 위해서는 글로벌 시장을 주도해갈 수 있는 인재를 양성해야 한다. 비전과 목표의 최종 목적이 건설을 넘어 국가경쟁력 강화에 있다면 핵심이 될 인재 양성은 피해갈 수 없는 과제다.

정부도 인적자원의 질적 혁신이 절실함을 인정하기 시작했다. '국가기술혁신체계 2020s 전략과제'의 기본 방향을 설명하는 자리[22]에서 중요한 변화가 감지됐다. 2010년 1.0 혁신체계에서 5순위에 머물렀던 인적역량을 2020년 2.0 전략에서 1순위로 변화시켰다. 기술역량이나 과학역량보다 인적역량의 중요성을 인지한 것으로 보인다. 2006년 미국의 연두교서에서 부시 대통령은 국가경쟁력의 주도권 지속을 위해서 반드시 선택해야 할 과제로 과학기술인력정책을 제시했다.[23] 과학기술인력이 국가 경쟁력에서 그만큼 중요하다는 뜻이다. 세계 건설시장에서 최고의 경쟁력을 지닌 기업 중 하나로 평가받고 있는 미국 벡텔사는 임직원을 위한 재교육 과목 개설 수만 23,000개 이상이다.[24] 회사 내 전체 인력의 3~5%의 전문가그룹(specialist group)을 운영함으로써 막강한 국제경쟁력을 발휘하고 있다. 한국건설의 산업체 내에서 인력

---

22 과학기술평가원(2020), 국가기술혁신체계 2020s 전략과제 토론회, 2020.2.6.
23 한국산업기술재단(2007), 미국의 경쟁력 강화를 위한 기술인력정책, 이슈페이퍼 07-06
24 한국전력기술주식회사(2006), 건설정보론

의 질적 역량 향상을 위해 자체 내 교육프로그램을 운영하는 곳은 26%
며 이마저도 임직원이 질적 역량 향상에 도움이 된다는 응답률이 35%
수준에 불과한 실정이다.[25] 비록 설문조사라고 하지만 회사 내 교육프
로그램에 대한 산업 평균 만족도가 9.1% 수준이라는 게 현실이다. 정부
가 지정한 6개의 재교육 기관이 운영하는 재교육 프로그램에 대한 조사
에서는 교육과정 부족이 38%, 콘텐츠 부실이 30%, 강사 자질 부족 등
71%가 불만족하다는 결과로 나타났다. 인력의 질적 역량 강화를 위한
교육프로그램에서 나타난 차이만으로도 현 수준의 기초 및 재교육 프로
그램으로는 글로벌 인재를 양성할 수 없다는 한계가 분명하다. 인재 양
성을 위한 교육프로그램 수준을 세계 최고 수준으로 높이지 않으면 한
국건설이 내세운 비전과 목표 달성을 주도할 수 있는 인재를 확보할 수
없다. 글로벌 인재 확보 없이 목표를 달성할 수 없다면 글로벌 인재 양성
프로그램 운영은 피할 수 없는 과제다. 국내 산업체는 이 점을 충분히
공감하면서도[26] 개별 기업이 독자적으로 해결해가는 방안에 대해서는
전문성과 재원 부족을 이유로 한 발도 앞으로 나서지 못하고 있다. 산업
체 간 연합으로 해결해가는 방안에는 공감하는 실정이다. 목표 달성을
위한 전략에서 가칭 '글로벌 인재 사관학교'를 설립하여 산업 차원에서
공동으로 운영하는 방안 수립이 가장 현실적인 접근이라 판단된다.

산업체가 국가 및 범산업 차원에서 설립 및 운영하는 글로벌 인재 사
관학교는 글로벌 최고 수준이어야 함은 물론이다. 설립 과정에 필요한

---

25 서울대학교 건설환경종합연구소(2017), 건설기술자 실무교육 프로그램 개발 연구용역
   (II), 한국건설기술인협회 지원
26 서울대학교 건설환경종합연구소(2017), 한국건설엔지니어링 산업과 업계의 글로벌 포
   지션 진단, 국토교통부 지원

재원은 산업체들의 공동 부담으로 해결하지만, 운영에 필요한 재원은 수요자 부담 원칙으로 가는 방안이 지속가능성을 높여줄 것으로 예상된다. 지명도가 높아질 경우 신흥국은 물론 선진국에서도 참여를 원하게 된다면 수요자 부담 원칙을 통해 과정을 적극적으로 개방하는 것이 바람직하다. 공동 학습을 통해 글로벌 네트워크 구축은 물론 해당 인력을 국내 산업체가 활용할 수도 있기 때문이다. 글로벌 인재 사관학교 설립 및 운영이 글로벌 시장을 향한 맞춤형 인재 양성 전략이라는 사실을 항상 강조할 필요가 있다. 보통 인력을 양성하는 국내 재교육 프로그램과 대응이나 비교 대상이 되어서는 안 되기 때문이다. 평균 인력이 아닌 글로벌 시장을 주도할 엘리트 그룹 양성이라는 전략적 목표가 분명해야 성공할 수 있다. 소수의 엘리트 그룹이 절대 다수인 평균 인력과 기업을 리드하는 전략이어야 명분 확보는 물론 성공할 수 있다. 소수 엘리트 그룹이 가진 지식과 지혜를 절대 다수가 공유하는 전략은 시간과 비용 및 시간에서 훨씬 유리하기 때문이다.

비전과 목표 달성을 선도하는 총괄사령탑 구축

한국건설이 내세우는 비전과 목표는 30년 후의 모습을 만들기 위한 전략이다. 비전이 당장의 이슈는 될 수 있어도 결국 목표가 30년에 걸쳐 달성해야 할 전략 과제임을 항상 기억해야 한다. 건설의 대표적인 속성은 시간적으로 오래 걸리면서, 역할은 파편화되어 있고 생산 주체는 공간적으로 분산되어 있다는 것이다. 이해 당사자도 국가와 정부 부처, 산업체, 입법부 등 다양하게 분포되어 있다. 비전과 목표는 한 곳에서 수립 혹은 선택이 가능하지만 달성을 위한 전략 과제는 이해 당사자 어느 한 기관이나 노력만으로는 달성될 수 없는 한계가 분명 존재한다. 이 문제가 해결되지 못했기 때문에 국가 차원의 비전과 전략이 실패했던 과정이 충분히 목격됐다. 비전과 목표 달성의 진척도를 수시로 측정하고 상시 모니터링하는 총괄사령탑(Constructing Excellence, CE) 구축 전략이 필요한 가장 큰 이유다. 건설 산업 혁신에서 비교적 성공 사례로 평가받고 있는 영국도 그나마 절반의 성공을 거둘 수 있었던 것은 리더그룹과 국가 차원의 지원과 지지를 받았던 총괄사령탑이 구축되었던 덕분이라 스스로 평가했다.[27-28]

총괄사령탑 조직의 실체 및 운영 주체는 민간이 주도하는 것이 바람직하다. 제20대 대통령 당선인과 정당이 내세웠던 시장과 산업정책이 시장 주도형이었음을 고려했다. 동시에 기존의 법과 제도가 변경되지 않는 한 정부의 기능과 역할이 부처별로 분산되어 총괄사령탑 역할을 하기에는 과거처럼 부적절 하다는 판단이다. 민간은 크게 사업자의 이익을 대변하는 각종 협·단체, 학술단체 그리고 대학을 포함한 연구기관이 있다. 한국건설의 비전과 목표가 국가 경쟁력을 강화해 일감과 일자리를 늘리는 데 있다면 사업자 이익을 대변하는 각종 협·단체 연합이 주도해 가는 것이 바람직하다는 추정이다. 정부와 민간단체는 협력과 협업은 가능하지만 주도하기에는 한계가 있는 것이 현실이다. 사업자의 이익을 대변하는 각종 협·단체가 연합하여 관제탑 조직을 구축하는 게 명분도 있고 합리적이라 판단된다. 사령탑 혹은 관제탑 조직의 비전과 목표 달성을 위한 전략 과제 실행 과정을 계획하고 상시 모니터링

―
27 Don Ward(2008), Recent change in the UK construction industry(Construction Vision Forum, Korea, 25~26 September 2008)
28 Constructing Excellence(2006), Constructing Excellence/A strategy for the future

및 평가, 국내외 환경 변수를 고려하여 비전과 목표 및 전략을 지속적으로 보완 및 수정을 할 책임을 가져야 한다. 한국건설의 30년 후를 대변하는 사령탑으로 국내는 물론 국제 관계에서 단일 접촉 창구역할이 필요하다. 한국건설의 비전과 목표가 달성해가는 과정을 세계와 공유함으로써 전략 자체가 벤치마킹되거나 혹은 신흥국에 서비스 수출까지 갈 수 있는 가능성을 염두에 둔 전략을 펼쳐갈 것을 주문한다.

글로벌 홍보 전략

한국건설이 내세운 비전과 목표 달성의 수혜자는 한국인은 물론 전 세계 인류가 대상이다. 전략의 목적지는 표면적으로는 목표 달성이지만 감춰진 궁극적 목표는 글로벌 시장에서 최고 수준의 경쟁력을 확보하는 데 있다. 다시 말해 목표 시장이 글로벌 무대임을 분명히 해야 한다. 이러한 목적과 전략이 자칫하면 자국민은 물론 경쟁국에게 사업가 혹은 산업체 근육 강화로 비춰질 수 있음을 최대한 경계해야 한다. 비전과 목표 달성을 위한 전략의 주체가 사업자 단체가 아닌 자선단체 혹은 자선사업가로 비치게 하기 위해서는 글로벌 무대를 대상으로 치밀하고 적극적인 홍보 전략을 지속적으로 펼쳐야 한다. 지금까지 한국건설은 해외시장에서 사업가 혹은 업체로만 인식되어 왔음을 인정하되, 잊어야 한다. 자선사업가에 대한 일반적인 인식은 겉으로는 일방적 희생인 봉사자로 보이는 것이다. 그러나 비즈니스 관점에서는 더 큰 수익을 기대하는 선 투자 개념이라는 사실을 잊지 말아야 한다. 최근 국내에서도 관심을 끌고 있는 사회적 기업도 겉모습은 기여에 초점을 두지만, 궁극적으로는 수익을 얻기 위한 투자라는 사실을 기억할 필요가 있다.

글로벌 시민 혹은 국가를 향한 한국건설의 30년 후 모습을 각인시키기 위해서는 브랜드명(trade marker or brand name)이 필요하다. 일본 건설은 대국민 봉사를 위해 기술혁신을 상징하는 'i-construction'을 내세웠다. 독일은 산업의 미래 지향적 혁신을 상징하는 'Industry 4.0'을 내세웠다. 미국은 'Digital Transformation'이라 작명했고 세계경제포럼(WEF) 의장은 2016년 1월 다보스 포럼에서 '4th industry revolution'을 부르짖었다. 한국건설이 내세우는 비전과 목표는 현재가 아닌 30년 후 완전히 달라진 모습이라는 사실이다. 사령탑 혹은 관제탑 조직을 통해 생산되고 배부되는 모든 문서나 홈페이지에 달라져 있을 한국건설의 미래 모습을 상징하는 로고와 브랜드명이 나타나도록하여, 한국건설은 물론 모든 국가에 각인되도록 하는 치밀한 홍보 전략이 필요하다. 대한민국을 대표하는 상징은 '태극기'다. 이제 30년 후 한국건설을 상징하는 브랜드 혹은 심벌은 무엇인가를 고민해야 한다.

선택의 여지 없는 생존 전략

역사적으로 지기 위한 전쟁은 단 한 번도 없었다. 한국건설이 비전과 전략을 새롭게 수립하고 목표 달성을 위한 전략 수립을 하는 것은 작금의 건설이 처한 위기와의 전쟁에서 승리하기 위해 선택하지 않을 수 없다는 절박함에서 출발한 것이다. 한국건설의 비전과 목표는 30년 후 한국건설의 모습을 만들기 위한 전략적 선택임은 분명하다. 자선사업가처럼 비치는 이유도 명확하다. 한국경제의 국제적 위상은 수혜자가 아닌 이익 공유자가 되어야 하는 위치임을 잊지 말아야 한다. 한국의 소득 수준은 이미 'take only'에서 'give & take' 위치로 변했다. 무엇을 요구하기 전에 어떤 기여를 할 것인지가 먼저다. 남을 이롭게 하는 이타심은 반드시 보상을 받는 세상이 되었다는 믿음이 필요하다. 설마를 바탕으로 한 모험적 투자가 아니다. 한국건설의 현재 상태가 선택할 수 있는 입장이 아니다. '사즉생(死卽生)'의 각오로 전략을 필사적으로 펼쳐야 한다. 지금 살기 위한 임시방편 혹은 일회성 구호나 실천, 곧 '생즉사(生卽死)'는 목적지로 끝날 가능성이 크다는 현실을 받아들여야 한다.

한국건설의 비전과 목표 달성을 위한 전략은 자력으로 30년 후 생존 모습을 만들기 위한 목표 지향적 투자임을 잊지 말아야 한다. 한국건설 스스로가 미래를 설계하고 건설해가는 독창적 전략이다. 지금까지 시도했던 정부 주도의 비전과 목표 시도는 잊으라고 주문한다. 30년이라는 시간표는 한국 최초이기도 하지만 동시에 글로벌 시장 전체를 무대로 한 거대한 도전이라는 점에서 최초의 시도다. 정부가 아닌 민간이 주도하는 목표와 전략이 최초라는 점도 잊지 않아야 한다. 한국건설이 스스로 미래를 만들어가지 않는다면, 외부 환경이 한국건설의 모습을 변화시키게 될 것이라는 점은 분명하다. 미래는 만들어가는 자의 몫이라는 20세기 최고의 경영 대가라는 故 피터 드러커(Peter Ferdinand Drucker) 교수의 말이나 외부 변화에 적극 대응하지 않을 경우, 외부 환경이 자신을 변경시킬 것이라는 GE 전임 회장이었던 잭 웰치(Jack Welch)의 발언과도 맥을 같이 한다. 한국건설의 비전과 목표, 그리고 전략이 선택의 여유를 가진 환경이 아닌 '사즉생' 상태에 놓인 피할 수 없는 한국건설의 생존 몸부림이라는 현실을 받아들여야 하는 절박함이 있다. 국내 건설에 직접적으로 몸을 담고 있는 취업자 수가 200여만 명에 달하며, 이들의 생존이 걸려 있는 문제다. 개인 취업자를 떠나 생계를 책임져야 하는 가족까지 포함하면 400만 명의 생계가 달려 있다. 내수시장만으로는 400만 명의 생계를 유지할 수 없다. 더구나 기하급수로 높아지고 있는 생산성에 비해 감소하는 일자리를 유지 혹은 확대할 수 있는 유일한 시장인 글로벌 시장의 포기는 직무유기 혹은 책임 회피일 수밖에 없다.

제3부

주 도 세 력 주 문

한국건설의 30년 후 새로운 모습 만들기는 완벽한 준비보다 빠른 실행이 더 중요하다. 그리고 한국건설은 2050년을 향해 출발하는 산업과 정부, 개개인이 승선하는 선단 구축이 필요하다.

한국건설의 선단을 이끌어갈 총괄사령탑의 선장으로서 산업이 나서라.
한국건설 선단은 항해지도(마스터플랜)에 따라 신속하고 과감한 항해 길에 나서라.
글로벌 무대와 시장에서 한국 선단을 기다려주는 곳은 세계 어디에도 없음을 명심하라.

신생태계 구축의 주도 세력

기본 방향과 원칙

한국건설의 미래 모습을 만들어가는데 외부 환경 변화에 맡기기보다 건설 스스로가 만들어가는 방향을 원칙으로 하는 것이 좋다. 접근 방식의 기본을 'top down(선목표, 후실행과제)'에 뒀다. 외부 변화에 무방비로 방치해놓는다면 타 산업에 종속될 뿐만 아니라 한국건설에 내재된 잠재 역량이 상실되기 때문이다. 잠재 역량은 시한부에 불과하다. 급변하는 기술과 산업의 환경 변화는 한국건설이 지닌 역량과 포지션을 지금 있는 그대로 유지되는 것을 허용하지 않는다. 미래 모습 만들기 위한 혁신 노력이 성공하지 못할 수도 있다. 신생태계 구축을 위해 혁신 활동을 지속해야 하는 이유는 분명하다. 시도조차 하지 않는 것보다는 조금이라도 더 나은 결과를 가져오기 때문이다. 한 국가에 건설의 주인이 누구인가를 자문해보면 답이 나온다. 한국건설의 주인은 생활 기반이라는 점에서는 국민과 국가 경제가 되어야 한다. 하지만 모두가 주인이면 누구도 혁신을 주도하지 못한다. 그래서 한국건설의 혁신을 주도할 세력은 국가 혹은 정부보다 민간단체 중심으로 시장이 주도하는 원칙을 제시한다. 시장을 선도할 주체는 건설 산업에 몸을 담고 있는 당사자이기 때문이다. 정부 혹은 협·단체, 혹은 학술기관이나 연구기관, 개별 기업이 주도 세력을 단일 조직으로 지정할 수는 없다. 그렇다면 누가 혁신을 주도해야 할 세력 집단으로 나서야 하는가?

한국건설의 미래 모습을 만들어 갈 생태계 구축의 선도 세력은 어느 한 개인이나 기관이 독자적으로 할 수 없다. 건설은 법과 제도, 생산 주체와 투입되는 기술이 파편화되어 있기 때문이다. 개인 혹은 개별 기관이 주도할 수 없음에도 불구하고 혁신 노력을 지속하고 강화해야 하는 이유는 한국건설이 원하는 미래 모습을 만들어 청년과 후속 세대에게 삶의 터와 일자리를 만들어줘야 할 사명과 책임이 있기 때문이다. 혁신 노력을 주도하는 리드 그룹을 만들어가야 한다. 물론 처음부터 리드 그룹이 만들어질 수 없으며, 자생적으로 형성될 수도 없다. 리드 그룹은 선도 세력이 만들어갈 수밖에 없다. 인위적으로 만들어가야 한다.

건설은 수급자와 공급자로 나뉘어 있다. 건설이 생산 및 공급하는 인프라의 최종 수요자는 국민과 산업이다. 수요자와 공급자 조직은 파편화되어 있다. 정부가 주도하는 법과 제도 역시 인프라 부문별로 주관이 분산되어 있고 파편화되어 있다. 단일 기구가 없다. 한국의 경우 교통인프라도 육상과 항공, 그리고 해양으로 나뉘어 있다. 전력과 통신, 소방, 냉난방, 구조물 등 공종별로 관련법이 파편화되어 있다. 공종별 이해 다툼이 있어 국토인프라를 총괄 지휘할 수 있는 관제탑 역할이 정부에는 없다. 2022년 3월, 「정부조직법」 제26조(행정각부)는 18부 5처 17청이 기본이다. 정책을 다루는 18부에서 외교부와 통일부, 여성가족부, 법무부 등 4개 부를 제외하고 각 부마다 건설 혹은 공종 관련 개별법을

1개 이상씩은 가지고 있다. 현재 조직 구조에서는 정부 주도로 한국건설의 혁신을 주도할 수 없다는 사실과 통합 조직이 없다는 점과 함께 1968년부터 고착화된 공직자의 순환보직제도로 인해 미래에 대한 오너십과 정책 추진의 일관성을 확보하기 어렵다는 현실을 고려했다.

민간에게 주도 세력 역할을 주문하는 이유

한국건설의 비전과 목표, 그리고 전략 개발은 민간단체 중심으로 혁신 조직을 구성하고 혁신 자체를 선도하는 세력이 될 것을 주문한다. 지금까지 정부 주도 혹은 지원으로 수립했던 비전과 목표는 성공하지 못했다. 지속되지도 못했다. 정부의 한 부처가 주도하기에는 법과 제도, 그리고 국토인프라 부문별 주관 역할이 분산되어 있어 단일 부처 주관으로는 성공할 수 없다는 확신이다. 민간이 주도 세력이 되기 위해서는 산업체가 회원인 16개 협·단체의 합의가 필요하다. 정부는 산업체가 수립한 비전과 목표가 달성될 수 있도록 정책과 제도로써 지원하는 세력, 즉 일선에서 후방 지원 역할로 남는 것이 바람직하다. 정책 수립이나 제도 혁신은 산업체가 주도하는 미래 모습을 만들어가는 데 촉진제 역할이 되어야 한다. 이해 당사자 집단의 주장이나 목소리에 흔들려서도 안 된다. 학계는 세계에서 일어나는 시장과 기술, 산업의 변화를 심층적으로 분석하여 한국건설이 가야 할 방향을 제시해주는 혜안을 가진 집단이 되어야 한다. 학계는 현실에서 일어나고 있는 당장의 문제 해결에 무게 중심을 두기보다 단기와 중기에 일어나게 될 미래 문제를 예견해줄 수 있는 지식과 지혜의 눈을 가져야 한다. 학계나 혹은 연구계가 한국건설의 혁신을 주도하는 주체가 될 수 없는 이유는 생산자가 아닌 제 3자에서 벗어날 수 없기 때문이다. 조언과 훈수는 둘 수 있어도 당사자는 될 수 없다. 학계는 미래 예측을 기반으로 각종 아이디어를 제공해주는 수준으로 만족하는 것이 올바른 방향이라 판단된다. 윤석열 정부의 국정과제 '목표 2(민간이 끌고 정부가 미는 역동적 경제)'에서도 민간의 선도 역할 주문을 명확히 했다.

주도 세력의 의무와 책임

건설 신생태계 구축을 주도할 세력은 30년 후 한국건설이 어떤 모습이 되어야 하는지를 비전과 목표 제시를 통해 국민과 국가에 보여줄 사명과 책임이 있다. 30년 후 한국건설의 청년 모습을 만들어가기 위한 비전과 목표가 혁신의 엔진으로 작용하게 만들어야 한다. 지금의 20대는 30년 후 50대가 되어 우리 사회의 중추 세력이 된다. 주도 세력은 가시적으로 보여줄 비전과 목표가 한국건설의 혁신 활동이 중단되지 못하도록 하는 자체적인 최대의 걸림돌이 되도록 스스로에게 족쇄를 채워야 한다. 혁신 활동의 성과가 주기적으로 평가되고 결과를 국민과 산업이 공유하는 체계로 가도록 해야 한다. 혁신 활동을 통해 변해가는 모습을 국민과 산업에게 보여줌으로써 국민으로부터는 신뢰를 얻고, 산업에게는 믿음과 자긍심을 심어주는 결과로 이어질 수 있도록 해야 한다.

1958년에 제정된 「건설업법」 기반의 현재 한국건설의 모습을 완전히 새로운 모습으로 만들어가는 길은 쉽지만은 않다. 1995년 WTO 가입 서명국 진입을 대비하여 「건설산업기본법」으로 전면 개정했었지만, 산업 생산구조와 역할 분담은 기존 「건설업법」의 내용을 그대로 뒀다. 혁신의 기회를 놓쳤다는 진단이다. 전통적으로 건설은 내부에서 나오는 자생적 변화보다 외부로부터 오는 외생 변화가 건설에 변화를 가져오는 촉진제가 되었다. 지금은 외생 변수가 흘러넘침에도 불구하고 산업혁신 활동은 아주 낮은 편이다. 일종의 피로감으로 해석된다. 외부에서 주어지는 변화는 '사즉생(死卽生)'의 각오로 한국건설을 혁신해가야 생존이 가능함을 강력하게 시사하고 있다. 이 길만이 가장 확실한 생존의 길이라는 생각을 가져야 한다. 세계경제포럼(WEF)이 주도했던 2016년 다보스 포럼이 제기했던 제4차 산업혁명을 주시할 필요가 있다. 혁신(innovation)보다 강한 혁명(revolution)을 내세운 것은 최근 급변하고 있는 사회와 산업 그리고 기술의 변화를 읽었기 때문이다. 혁명이란 기존 방식을 개선하거나 혹은 혁신하는 것보다 훨씬 더 강한 빅뱅 수준임을 명심할 필요가 있다. 더구나 혁명이 생산성 혁명과 연결되고 결과적으로 경쟁력으로 이어진다는 사실도 반드시 기억해야 한다. 주도 세력은 혁신의 길과 방법을 피하거나 대안을 찾는 데 시간과 노력을 투입하지 말 것을 주문한다. 대안을 찾거나 우회하는 길을 찾는 것은 시간과 노력의 낭비일 뿐만 아니라 혁신의 가장 큰 걸림돌로 작용한다. 혁신을 주도하는 세력 중심에 사명감과 책임감을 가진 사람이 있어야 한다. 산업과 정부가 공감하는 사람들로 채워져야 한다. 30년 후 한국건설의 청년 모습을 만들기 위한 비전과 목표, 달성을 위한 전략과 실행은 일회성 이벤트로 끝날 수 있는 성격이 아니다. 30년 동안 지속되어야 한다. 30년 후 한국건설의 완성된 모습은 또 다시 새로운 10년 후 모습을 그려가야 할 것으로 판단된다. 세계 시장은 살아 움직이는 생명체다. 주도 세력은 정착민보다 노마드가 되어야 하는 이유다. 끊임없이 변해야 한다. 건설을 둘러싼 외부 환경이 끊임없이 변하기 때문이다. 동시에 수요자의 요구와 관심도 변하고 있음을 잊지 말아야 한다.

응집력을 전제로 한 주도 세력

한국건설이 생존하기 위해서는 새로운 생태계 구축이 불가피하다는 사실을 부정하는 전문가는 찾기 어렵다. 기존 생태계가 수명이 다했음을, 시장을 통해 스스로 느끼기 때문이다. 과거에 내놓았던 8차례에 달하는 혁신대책의 비전과 목표는 한곳으로 수렴됐지만, 전략과 실행은 분산되어 응집력을 잃어버렸다. 각 부처로 분산된 역할과 책임은 정부의 한 부처에서 통제하기도 모니터링하기도 불가능했다. 법과 제도에 의해 부처별 역할이 분산된 탓도 컸다. 민간단체가 주도하는 추진 세력의 구심점은 설계하기 나름이다. 16개 협·단체가 합의하여 주도 세력에게 힘을 모아주면 응집력이 생긴다. 다만 국토인프라의 범위가 에너지와 각종 플랜트로 확대되어 있다는 점을 고려하면 16개 협·단체에 포함되지 않은 플랜트산업협회나 에너지협회 등을 참여시키는 것이 바람직하다. 응집력은 강력한 실행력을 발휘하는 데 결정적인 역할을 할 수 있다. 응집력을 유지하기 위해서 민간단체가 주도하는 상설 총괄사령탑 조직 설립을 제안한다.

02

역할 분담 설계

기본 방향과 원칙

한 국가나 사회의 국토인프라는 정부의 한 부처나 산업, 개인의 전유물이 될 수 없다. 국민과 국가가 주인이 되어야 한다. 정부와 산업은 국가와 국민의 수요를 대변하고 수요를 충족시켜가는 역할 대행자일 뿐이다. 따라서 산업과 정부가 함께 가야 할 운명이다. 국민과 국가 산업의 수요를 해석하고 이에 걸맞은 인프라를 합리적으로 낮은 가격, 최단기간 내에 안전하게 사용할 수 있도록 하는 양질의 서비스를 제공하는 역할은 당연히 산업의 역할이자 책임이다. 법과 제도의 요구가 아닌 국민과 국가의 수요가 먼저라는 인식이 절대적으로 필요하다. 경제 성장을 최우선의 가치로 내세웠던 시대에는 당연히 정부의 정책과 제도가 시장과 산업을 견인해갈 수 있었다. 그러나 양적 성장에서 질적 성장 시대로 넘어가면서 한국건설도 정부 주도에서 민간 주도로 넘어가야 하는 시대로 변했다. 산업이 미래 모습 만들기를 주도해야 하고 정책과 제도가 산업의 미래 모습 만들기를 지원하는 형태로의 역할 변화를 주문하는 이유다.

산업의 역할

산업계는 미래 세대들에게 도전할 꿈을 심어줄 수 있는 상상하는 건설 프로젝트를 디자인하고 보여줄 것을 주문한다. 비록 상상하는 프로젝트가 우리 세대에서 실현되지 못하더라도 꿈에 대한 한계를 스스로 짓지 말 것을 주문한다. 현재와 미래는 기술의 한계보다 인간 사고의 한계가 더 큰 장애물로 작용하고 있다는 사실을 기억해야 한다. 국민과 국가가 30년 후 어떤 요구를 할 것인지에 대한 밑그림을 설계해야 한다. 백지가 아닌 밑그림을 그려서 국민에게 묻는 게 순서다. 산업이 제공할 밑그림은 산업의 당사자만이 할 수 있는 역할이자 책임이라는 사명감을 가져야 한다. 30년 후 한국건설이 제공할 국토인프라의 성능과 수준을 만들기 위해서는 산업의 30년 후의 모습이 청년의 모습으로 설계되어야 한다. 선행조건을 만족시키지 못하면 상상하는 모습의 서비스를 제공할 수 없다는 위기를 느껴야 한다. 산업이 가고자 하는 비전과 목표를 설정한 후 정책과 제도 지원을 요구하는 게 과거와는 다른 순서다. 산업의 비전과 목표, 그리고 전략 수립이 정책과 제도 지원의 선행조건임을 명심해야 한다. 산업이 한국건설의 30년 후 미래 모습을 만들어가기 위해서는 구체적인 활동 조직을 만들어야 한다. 현재 한국에는 건설 관련 협·단체가 16개에 이른다. 협·단체는 소속 회원사의 이익을 대변하는 이익단체라는 과거의 프레임에서 벗어나야 한다. 무엇을 요구하기 전에 산업이 국가와 국민에게 무엇을 제공할 것인지를 내놓아야 한다. 협·단체 혹은 산업체의 생존보다 시장의 파이 크기를 키우는 데 힘을 쏟아야 한다. 16개 협·단체를 대변할 수 있는 한시적으로 전담기구(일종의 태스크 포스 팀(Task Force Team, TFT))를 만들 수도 있다. 그러나 지속가능성을 높이기 위해서는 신생태계 구축을 주도하게 될 관제탑 역할의 총괄사령탑 조직을 상설화하는 것이 바람직하다. 30년 후 한국건설을 청년의 모습으로 설계하는 역할을 부여하는 것이 현실적이라 판단된다. 총괄사령탑이 모습을 만들어가기 위한 비전과 목표 설정 그리고 전략 개발을 주도하고 대국민·대정부 창구 역할을 맡도록 하는 방안을 제시하는 이유이다.

정책 및 제도의 역할

정책과 제도가 정부의 몫이라는 사실에는 변함이 없다. 다만 정책과 제도 주도에서 지원으로 역할만 변했을 뿐이다. 한국건설에 유효하고 지속가능한 국가 차원의 건설 비전과 목표가 없다는 현재의 사실을 받아들여야 한다. 동시에 과거 정부 혹은 공공이 주도했던 비전과 목표는 지속가능하지 못했다는 사실도 인정해야 한다. 정책과 제도 주도로는 한국건설의 미래 모습을 만드는 데 한계가 있음을 인정하면서도, 역으로 정부가 산업에 한국건설의 미래 모습 설계를 주문하는 것이 정답이다. 산업계가 주도하는 미래 모습이 국가와 국민의 눈높이를 넘어설 수 있는 수준이거나 공감할 수 있다면 정책과 제도가 지원해야 할 분야를 산업과 공동으로 개발할 수 있다. 지금까지 정책과 제도가 산업의 길을 강제했다면 30년 후 미래 모습은 산업계가 가야 할 길을 만들어 간다는 점에서 본질적 차이가 있다. 과거의 압박 혹은 강요 중심에서 현재와 미래는 지원하고 산업을 견인하는 기본 프레임으로 가는 게 정답이다.

학계 및 연구계의 역할

학계와 연구계는 산업의 당사자 역할보다는 산업이 가야 할 길을 제시해주는 가이드 역할과 산업계와 정부의 역할 수행에 대해 자문해주는 도우미 역할을 기본으로 할 것을 주문한다. 가야 할 길을 제시해주기 위해서는 지식과 지혜를 바탕으로 한 혜안 등의 지식 역량이 절대적으로 필요하다. 산업계는 미래보다 눈앞에 놓인 현재 일에 비중을 둘 수밖에 없다는 한계가 있다. 따라서 학·연구계가 산업계가 부족할 수밖에 없는 미래 진로를 제대로 선택할 수 있도록 다양한 대안을 제시해주되 선택과 결정은 산업계 몫으로 맡겨 주는 것이 바람직하다. 그러나 학·연구계 주도의 비전과 목표가 되지 않도록 주의해야 한다. 산업계가 수립한 비전과 목표를 검토하고 건강한 비판적 대안을 제시해주는 것으로 만족하는 것이 올바른 역할이라 판단한다. 산업계나 정부에 비전과 목표 및 전략을 강요해서는 안 된다. 혁신적 아이디어나 지식과 지혜를 제공하는 역할은 맞지만, 규범적으로 산업계나 정부가 이를 선택하도록 강요해서도 안 된다. 제시와 조언 그리고 혜안과 지식 제공 자체에 의미를 두고 만족하는 것이 바람직하다. 제시와 자문 역할만으로도 산업계가 내놓은 비전과 목표 달성이 성공할 수 있도록 측면 지원할 수 있기 때문이다.

개인의 역할

국내 및 글로벌 건설시장에 몸을 담고 있는 건설의 개개인에게, 익숙해져 있었던 수동적 태도에서 시장과 상품, 그리고 기술을 창조하는 능동적이고 적극적인 역할로 나설 것을 주문한다. 청년은 물론 후속 세대들에게 한국건설의 새로운 모습과 역할을 보여줘야 할 사명과 책임은 현재 산업과 학·연구계에 몸을 담고 있는 건설 개개인에게 달려 있다. 개개인은 미래 세대들에게 꿈을 보여줄 희망 기술을 상상하고 보여줄 수 있는 상품(예: 해저도시, 해중 튜브 도로 등)과 혁신적인 기술(예: 중장비 중앙제어 기술, 초고성능 콘크리트 기술 등)을 상상하고 가시화하여 사이버 공간에서 공유할 것을 제안한다. 기술인 개인이 가질 수 있는 상상의 기술이 지구밖에 설 수 있는 발판만 마련할 수 있다면, 지렛대로 지구를 움직일 수 있다는 2300년 전 고대 그리스 수학자이자 물리학자였던 아르키메데스(Archimedes)의 주장만큼, 이를 무한대로 가져갈 것을 주문한다.

국가나 사회, 혹은 산업체가 자신에게 무엇을 해줄 것인지를 요구하기 전에 개개인이 국가나 사회에 무엇을 해줄 수 있는지를 고민해야 할 시대로 진입했다. 건설기술을 기반으로 생산성을 혁신하게 될 것으로 예상되는 PIMA(Pre-fabrication, Information & communication, Machine, and Automation technology) 기술도 인간의 지식 한계를 넘어설 수 없다. PIMA 기술의 용도와 활용 분야, 기술 조합은 결과적으로 기술인 개인의 경험과 지식 기반 디자인 기술이 좌우하기 때문이다. 기술인이 새로운 기술을 지배하는 전문가가 되어야 하지, 기술의 종속이나 지배를 받아선 안 된다. PIMA 기술이 새로운 기술이나 상품 혹은 새로운 시장을 만들어 낼 수는 없다. 신기술과 상품, 시장은 기술을 가지거나 상상력을 가진 개개인이 만들어 낼 수밖에 없다. 결과적으로 개인의 독창성과 도전성이 국가와 사회에 공헌할 수 있는 가장 강력한 무기가 된다는 의미다. PIMA 기술은 적용의 한계성과 획일성에서 벗어날 수 없다. 국민의 수요를 읽고 새로운 상품과 시장, 기술을 창출해가는 것은 기술자 개개인의 몫이 될 수밖에 없다. ICT 및 자동화 기술은 기술인 개개인이 사이버 공간에서 큰 돈 투자 없이도 상상력을 무한대로 펼칠 수 있는 공간을 제공해주고 있다. 과거에는 이런 기술과 공간 마련에 거액이 들었지만 지금은 아니다. 이러한 무료 공간을 어떻게 활용하여 국가와 국민, 그리고 사회에 보여줄 것인지 역량은 기술자 개인의 사명과 역할이 될 수밖에 없다. 생존을 위한 생태계 구축에 있어 그저 방관자 입장에 서있지 말라는 주문이다.

목표는 단일, 역할은 분담

2016년 다보스 포럼에서 거론된 제4차 산업혁명이 미치는 파급 영향이 전 세계에 미치고 있다. 세계는 지금도 변하고 있다. 독일은 'Industry 4.0', 미국은 'Digital Transformation', 일본은 'i-construction' 등 비록 국가별로 다른 슬로건이나 용어를 사용하고 있지만, 지향하는 목적과 방향은 같다. 20세기 방식으로는 글로벌 무대에서 산업의 주도권이 상실될 수 있다는 위기감이 기저에 공통적으로 깔려 있다. 산업과 산업, 기술과 기술의 장벽은 이미 무너졌고 산업 내 경쟁에서 산업 간의 경쟁으로, 국가 내 경쟁에서 국가 간의 경쟁으로 세상은 변했다. 제4차 산업혁명에 동원된 용어인 혁명(revolution)이라는 단어에 주목해야 한다. 개선보다는 혁신이 강하고 혁신보다는 혁명이 더 강하다. 개선과 혁신은 정도의 차이는 있지만 기존 틀을 유지한다는 차원에서는 같고 다만 크기에 차이가 있을 뿐이다. 그러나 혁명은 기존 틀 유지가 아닌 새로운 프레임을 구축하고 있다는 점에서 비교할 수 없는 차이가 있다. 다시 말해 새로운 생태계 구축을 목표로 해야 생존할 수 있다는 의미로 해석된다. 파괴적 기술이라는 단어가 자리 잡은 이유도 혁명을 염두에 뒀기 때문이다. 제4차 산업혁명은 곧 생산성 혁명과 동일한 의미로 해석된다. 산업과 기술의 변화 속도가 제1차 산업혁명 당시보다 10배 이상 빠르다. 눈에 보이는 기술은 빙산의 일각인 만큼, 큰 변화가 숨겨져 있다. 이런 변화를 거부할 수는 있을지라도, 변화가 미치는 파급 영향권에서 벗어날 수는 없다. 변화를 기다리며 자신을 변화에 맡겨 놓기보다 변화에 적극적으로 대응하라는 주문이 이 주문서의 핵심이다.

한 국가의 산업에 기존 생태계를 파괴하고 새로운 생태계 구축으로 가는 프레임 혁신 과정은 어렵고 힘들다. 그러나 현시대에 생존하고 있는 국가와 국민으로부터 부여받은 산업의 숙명이라고 생각해야 한다. 파편화된 건설을 새로운 프레임으로 재창조하는 것은 한 조직의 독단적 판단이나 역할로는 어렵다. 산업과 정부 그리고 기술자 개개인은 한국 건설을 새로운 모습으로 만들어내는 긴 항해 길을 나서는 같은 배에 탔다. 항해 길에 나서는 배는 목적지는 하나이고 항해 방향도 하나다. 그러나 배에서 선장과 항해사, 조타수와 선원 각각의 역할은 다르다. 그러나 역할은 달라도 목적지와 방향은 동일하다. 사공이 많은 배는 산으로 간다는 옛말과는 다르다. 한국건설의 비전과 목표, 전략은 독단적 역할보다 역할 분담을 통한 협력이 필수다. 그저 같은 배에서의 역할분담만이 있을 뿐이다. 한국건설의 새로운 모습을 만들어가기 위한 준비 운동의 목적지는 분명하고 시간을 30년으로 예상한 것도 힘들고 어렵지만 반드시 가야 할 길이기 때문에 이 주문서를 내놓은 것이다. 과거 정부 주도에서 산업계가 주도할 것을 주문한 것은 실패를 답습하지 말고 산업의 주인이 누가 되어야 하는지를 확실하게 알려주기 위해서다. 긴 항해를 떠나기 위해서는 너와 내가 아닌 우리가 되어 달라는 주문이다.

03

행동 주문

완벽한 계획보다 빠른 실행

아무리 좋은 전략 혹은 계획이라도 실행하지 않으면 종이 문서나 립서비스에 지나지 않는다. 완벽한 계획은 존재하지 않는다. 더구나 변화의 속도가 크고 빨라질수록 계획은 수립 즉시 또 다른 변화와 부딪히게되어 있다. 제4차 산업혁명으로 인한 변화 중 가장 크게 주목해야 할부문이 '변화의 크기와 속도'다. 전통적 사고관에서는 실행하기 전에 심사숙고하라는 말에 무게 중심을 두는 게 당연했다. 실행에 옮기기 전에준비를 철저히 하라는 의미다. 물론 준비는 필요하다. 그러나 준비보다더 중요하게 다뤄야 할 부문이 나아가야 할 방향과 속도다. 최근에 급변하는 기술과 산업은 준비하는 데 많은 시간이 허락되지 않는다. 아마존의 회장 제프 베조스(Jeff Bezos)는 평소 "틀리는 것보다 늦는 것이 손해가 크다"라고 주장한다. 완벽한 준비 혹은 준비된 결정은 없다고 장담한다. 오히려 시기를 늦어짐에 따른 대가가 훨씬 크다는 것을 경험을통해 인지했기 때문에 할 수 있는 주장이다. 한국건설이 가야 할 방향은 정해져 있다. 한국건설은 현재 빨리 가기보다 빨리갈 수 있는 길을 준비하는 데 전력투구하는 것이 올바른 선택이다. 세계적인 경영학자로 불리는 톰 피터스는 『미래를 경영하라』[1]에서 빠르고 과감한 실행을 강조했다. 피터스는 완벽한 준비란 존재하지 않는다고 주장했다. 준비를 하는 데 역량을 집중하기보다 빠른 실행을 하는 것이 성공할 가능성이 높다는 얘기다.

　대한민국 건설의 주인은 누구인가? 국민과 국가는 사용자 그룹이다. 사용자 그룹의 눈높이를 넘어서는 가치를 제공해야 할 의무와 책임은 산업에 있다. 한국건설에 대한 주인의식, 즉 오너십을 명확히 해야 한다. 국가와 국민에게 무엇을 어떤 방식으로 제공할 것인지를 약속하기 위해 오너십을 제시하는 것이 한국건설의 비전과 목표임을 잊지 말아야 한다. 건설에 대한 가치와 시장에 대한 오너십을 산업이 가지려면 한국건설에 주어진 의무와 책임을 다하기 위해 비전과 목표 수립을 선도해야 한다. 지금까지 국가 혹은 공공이 주도했던 방식과는 다른 길을 걸어야 한다. 30년은 긴 시간이다. 긴 항해 길로 나서는 방향은 정해져 있다. 항해는 거친 파도와 바람 그리고 때때로 암초를 만날 수 있다. 배가 항해 길에 거친 환경을 만났을 때 난파될 수도 있다. 이 위기를 어떻게 돌파할 것인지는 항해사, 기관장과 선원을 한 방향으로 이끌어가는 선장의 리더십이 좌우한다. 배를 안전하게 지키는 것도 중요하지만, 배가 가야 할 길로 목적지에 도달시키는 것이 더 큰 역할이다. 선장의 역할을 산업이 해줄 것을 주문한다.

1　톰 피터스 저, 정성묵 역(2005),『미래를 경영하라』, 21세기북스

총괄관제탑 구축

한국건설에는 산업을 대표하는 민간 서비스 공급자는 모두 16개 단체가 있다. 산업을 대표하는 기관 명칭은 대한건설단체총연합회(건단연)다. 건단연의 설립 목적에 산업의 발전과 사회적 사명 역할 수행을 위해 두고 기관을 설립했고 외부 환경 변화에 공동 대응한다는 내용이 포함되어 있다. 특정한 단체가 주도할 수 없는 구조다. 30년 후 한국건설의 모습을 만들기 위한 비전과 목표 달성을 위해 전담기구를 별도로 구상하기보다, 최소 인력을 투입하여 전담 역할을 수행할 것을 주문한다. 조직이 비대해지면 관료화 및 다단계 의사결정층이 형성될 가능성이 높아진다. 다만 건단연이 총괄사령탑 역할을 전담하는 조직을 별도 혹은 자체 내 설립하여 비용은 최소화하되 효율성을 높이는 방향으로 가는 것이 바람직하다.

비전과 목표 달성을 주도하게 될 관제탑 혹은 총괄사령탑 역할을 하게 될 전담기구는 비전과 목표 그리고 전략 개발을 주도하는 핵심 조직으로 산업 내적으로는 의사결정기구 성격과 동시에 실행 과정을 모니터링하고 결과를 지속적으로 평가하여 결과를 국민에게 공개하고 그 성과를 산업이 공유하는 형태로 운영할 것을 주문한다. 전담기구에서 외부에 위탁하여 비전과 목표 그리고 전략 개발을 주문할 수 있다. 비록 외부에 위탁하여 개발한 비전과 목표라도 산업이 주인임에는 변함이 없다. 마스터플랜이 마련된 이후부터는 지속적으로 실행을 모니터링하고 결과를 산업이 공유하고 성과를 국민에게 정기적으로 공개하는 활동이 핵심이다. 동시에 산업이 가고자 하는 30년 후 목적지에 도달할 수 있도록 정책과 제도 지원을 정부에 요구하는 것도 전담기구가 해야 할 몫이다. 30년 후 한국건설의 신생태계를 목적지로 설정한 내비게이션과 같다. 영국이나 호주, 싱가포르 등과 같이 한국보다 비전과 목표 달성에 대한 실행력이 앞선 나라의 전담기구와 협력하는 대외 창구 역할도 전담기구의 몫이다. 한국건설의 비전과 목표 달성을 위한 전략 수립과 실행은 범 산업계를 이끌어갈 선단을 구성한다는 개념으로 출발해야 한다. 다양한 이해당사자 그룹은 선단을 이루는 배로 생각하고 선단을 이끌어갈 선장 역할이 곧, 건단연 혹은 건단연이 설립한 조직이어야 한다. 선단에 속한 배도 각각의 본연의 역할도 있지만, 선단이 지향하는 목적을 위해서도 담당해야 할 책임이 있음은 물론이다.

마스터플랜을 지원하는 부문별 세부전략 개발

한 국가의 건설 산업은 비중은 어느 국가와 상관없이 높은 편이다. 한국의 경우는 타 국가보다 더 높은 편이다. 비중이 큰 만큼 연관된 산업과 이해당사자가 많다. 건설이 제공하는 서비스는 교통에서부터 생활 폐기물까지 다양하다. 우리 국민은 하루 24시간 중 19시간은 실내 공간에서 보내며 5시간은 외부에서 이동하는 데 보낸다고 한다. 실내 공간은 건축과 에너지, 수자원과 폐기물 등 인프라를 건설에서 제공하는 서비스를 통해 완성된다. 이동은 대부분 교통과 에너지 등에 의해 유지된다. 교통과 에너지 인프라는 건설에서 공급하는 대표적인 서비스 상품에 속한다. 국민의 하루 생활 중 건설과 무관한 시간이 없다. 다양한 이해당사자 그룹이 생겨날 수밖에 없다.

국토인프라가 다양한 만큼 한국건설이 제시한 비전과 목표 달성이 가능해지기 위해서는 분산된 인프라 부문별 세부 목표와 달성 전략 수립을 병행해야 한다. 거대한 마스터플랜은 인프라 부문별 목표와 전략을 실행시키는 기준이자 버팀목이다. 버팀목을 지지해주는 인프라 부문별 세부 목표와 전략 수립이 되어야 하는 것은 물론이다. 클린턴 대통령이 주도했던 국가건설목표(National Construction Goal, NCG)[2]에 따라 인프라 부문별(예: 건물 부문)[3] 목표와 전략 수립을 세웠던 사례를 참고할 것을 권한다. 미국이 국가 주도로 건설 산업 혁신 비전과 목표를 수립했던 방식과 달리 영국은 민간이 주도하여 필요성을 제기한 후 국가 차원으로 정부가 주도하는 형태로 발전했다. 영국 건설 산업 혁신의 출발점은 '94년에 개인이 발간한 레이샴(Latham)보고서다. 이어 존 이간(John Egan)경이 정부와 공공이 주도하도록 국가에 권고했다. 영국 정부는 1999년에 혁신을 주도할 공공조직을 구축한 후 본격적으로 혁신 전략을 실행하기 시작했다. 부문별 혁신에서 국가 차원[4]으로 끌어올려 실행을 위한 행동 중심으로 나선 것은 2013년부터였다.

전략 실행을 위한 과제는 아래로부터 실행되어 상위로 수렴되는 과정(bottom-up)이겠지만 거대한 비전과 목표, 그리고 전략 수립은 위로부터 아래로 전달되는 'top-down' 방식이 효과적이라 판단했다. 즉 전략과 계획은 위에서 아래로 전달되는 하향식 구조이지만 실행은 개별 과제로부터 출발하는 상향식이라는 의미다.

---

2   National Institute of Standards and Technology(1995), National Planning for Construction and Building R&D(NISTIR 5759)

3   National Institute of Standards and Technology(2002), Measuring the Impacts of the Delivery System on Project Performance-Design-Build and Design-Bid-Build(NIST GCR 02-840)

4   HM Treasury(2013), UK Construction 2025

출발신호를 기다릴 여유 없는 한국건설의 신생태계 구축

신생태계 구축을 주문하는 이유는 두 가지였다. 첫째는 기존 생태계의 수명이 다했기 때문이다. 아날로그 시대는 끝났고 디지털 시대에 진입했다. 아날로그 기반의 생태계가 생존할 가능성이 거의 보이지 않는다. 둘째는 1962년부터 국토인프라 구축을 통해 한국건설은 축적된 경험기반의 지식과 실적, 그리고 검증된 기술을 보유하고 있다. 단기간에 경제 성장 기적을 이룬 배경에 한국건설의 국토인프라 공급이 있었다. 선진국은 물론 신흥국이 가질 수 없는 경험이다. 잠재된 경험과 지식을 글로벌 시장에서 상품화시키기 위해서는 새로운 생태계 구축이 필요한 이유였다. 한국건설은 더 이상 내수시장에 그칠 수는 없을 만큼 서비스 공급 여력이 커졌다. 이러한 잠재력을 방치하는 것은 청년 세대와 후세대의 일감과 일자리를 빼앗은 것과 다를 바 없다.

국민과 국가는 국토인프라를 포기할 수 있는 선택권이 없다. 국토인프라 구축의 중심 역할과 책임은 건설에 있다. 3不·3D 이미지만으로 건설을 폄하할 수도 있지만, 그렇다고 국가가 건설을 포기할 수는 없다. 「헌법」 제34조 ⑥항에 국가는 재난으로부터 국민을 보호해야 할 의무가 명시되어 있다. 「헌법」 제35조 ③항은 국가는 국민의 쾌적하고 안전한 삶을 살 수 있도록 주거인프라를 구축해야 할 의무를 명시했다. 3,700년 전 인류 최초의 법전인 함무라비에도 건설 관련 조항이 6개나 포함되어 있다. 국민이 존재하는 한 국토인프라와 건설이 함께할 수밖에 없다는 사실을 말해주고 있다. 서울대학교 건설환경종합연구소가 신생태계 구축을 주문하는 이유는 내부 진단에 근거를 뒀지만 급격하게 변하는 디지털 산업과 기술 시대에 선제 대응을 위해서는 불가피하다고 판단 했기 때문이다.

신생태계 구축이 지향하는 한국건설의 새로운 모습은 글로벌 시장에
서 최강국 그룹에 진입하는 것이다. 글로벌 시장은 국가 대항전으로 인
식되는 올림픽 경기나 월드컵 경기와 다를 바 없다. 차이라면 국제경기
에는 출발신호가 있지만 신생태계 구축에는 출발신호가 없다. 동일 선
상에서 출발하지 않는다는 의미다. 미국이나 유럽 등 선진국 건설은 이
미 디지털 시대에 맞게 건설 생태계를 바꿔가기 시작했다. 마라톤에서
출발이 앞섰다고 반드시 우승자가 되는 것은 아니다. 앞선 국가를 따라
잡기 위해서는 다른 길, 다른 방법, 그리고 더 많은 노력이 필요하다.
한국건설의 새로운 모습인 신생태계 완성을 기다려 주는 시장은 세계
어디에도 없다. 이렇게 출발신호 없는 신생태계 구축이지만, 이러한 혁
신의 성과로 얻어지는 과실은 국민과 건설에 다시 되돌아오게 되어 있
다. 한국건설이 신생태계 구축을 위한 과감한 행동에 돌입해야 하는 이
유는, 이제는 주저하거나 망설일 시간적 여유가 없기 때문이다.

과감한 행동

　　한국건설의 위상은 국내에서보다 글로벌 시장에서 더 높다. 세계에
서 국민총소득(GNI)이나 국내총생산(GDP) 크기 순위보다 한국건설이
글로벌 시장에서 차지하는 순위가 대체로 높게 유지되어 왔다. 6·25
전쟁으로 인해 철저히 파괴된 국토에서 시작하여, 세계에서 일곱 번째
로 선진국 클럽인 '30-50'에 당당히 진입했다. 한국경제 성장을 세계인
들은 기적이라 부른다. 한국경제가 기적에 가까울 만큼 성장할 수 있었
던 배경에는 국토인프라 구축이 선행된 덕분이었다. 국토인프라는 직
접적인 생산자 역할을 하지 않기 때문에 전면에 나서지 않아 국민의 주

목을 받지 못했을 뿐이다. 그러나 많은 경제학자나 사회학자들은 국토 인프라가 구축되지 않았더라면 경제 성장은 고사하고 국민 삶의 질이 현재 수준으로 올라설 수 없었다는 사실을 알고 있다. OECD에 가입한 국가나 개인소득이 10,000달러 이상인 국가 모두 국토인프라가 버팀목 역할을 하고 있다. 영국과 미국이 국토인프라를 각각 '경제의 중추', '국가의 중추'라 부르는 것도 인프라의 중요성을 충분히 인지하고 있기 때문이다.

한국건설의 생존과 성장 환경은 벼랑 끝에 와 있음을 직시해야 한다. 앞으로 가야 하지만 길이 없다. 길이 없지만 가야 하는 게 한국건설의 현실이다. 길이 없다는 이유로 앞길을 포기할 수 없는 게 지금의 현실이다. 우리나라를 포함한 전 세계는 2016년 초 발표된 제4차 산업혁명이라는 전혀 새로운 환경에 대응해야 한다. 2000년대 진입하면서 이미 정보통신의 혁명이 새로운 세상을 만들어가기 시작했다. 제3차 산업혁명 파급이 끝나기도 전에 우리 사회는 이미 제4차 산업혁명이라는 파도 속으로 진입하기 시작했다. 앞에 닥친 위기가 파괴로 이어질지 아니면 새로운 기회로 만들어 질지는 국가와 산업 그리고 개인의 선택에 달려 있다. 위기를 기회로 만들기 위해 행동을 주문하는 것이다. 민간이 주도하여 수립하는 비전과 목표, 전략은 한국건설을 재창조하는 수준이어야 할 정도로 파격적이어야 한다. 비전과 전략 수립이 중요하지만 더 많은 시간과 노력이 필요한 것이 전략 과제를 실행하는 것이다. 한국건설에 주어진 시간은 많지 않다. 국내를 포함한 글로벌 시장은 한국건설의 혁신을 기다려줄 만큼 여유롭지 않다.

국토인프라 구축의 주인이 건설이라는 인식이 확실하다면 즉각 행동에 나설 것을 주문한다. 한국건설의 비전과 목표는 제3자가 수립해줄 수 있는 게 아니다. 누구도 대행하지 않는다면 주인이 나서야 할 이유는 충분하다. 한국건설을 내수시장 중심에서 글로벌 시장의 챔피언 산업으로 만들어내는 것은 현재 세대의 사명과 책임임을 인정하면 행동에 나설 수밖에 없다. 산업계가 행동에 나서야 할 당위성은 충분하지만, 국내에서 한번도 시도해보지 않았다는 이유만으로 방관하는 것은 생명을 한시적으로 유지하기 위해 병원 침대에서 링거액을 맞고 있는 것과 다를 바 없다. 한국건설에 내재된 잠재력을 확신한다면 이를 글로벌 시장에서 상품화시키는 전략과 실행에 머뭇거릴 이유가 없다. 공항을 출발한 비행기는 목적지에 반드시 도착한다는 믿음이 있기 때문에 이륙한 비행기 안의 승객은 그 여정을 전혀 의심하지 않는다. 공항을 이륙한 비행기가 목적지에 도착하기 전까지 공중에서의 90%의 시간 동안 항로 이탈 혹은 기체의 흔들림이 있더라도 누구도 그 여정을 의심하지 않는다고 한다. 항공기를 타본 사람은 누구나 경험해봤을 것이다. 항공기는 기류나 기압 변화로 동체가 갑작스럽게 흔들리거나 가라앉는다. 그러나 승객 누구도 자신이 탄 비행기가 목적지에 도착할 것이라는 사실을 의심하지 않는다. 비전과 목표를 달성하는 길이 순탄하지는 않을 것이다. 그러나 가야 할 목적지가 분명하다면 흔들림이 있어도 지금 즉시 행동에 옮기라는 주문이다.

제4부

한국건설을 건설답게

미국, 영국, 호주 등 선진국에서는 건설을 국가와 경제 중추로 삼고 있다. 건강하고 쾌적한 국토인프라 구축을 산업이 아닌 국민과 국가의 아젠다로 보는 것이다.

한국건설의 신생태계를 기다려주는 시장은 세계 어디에도 없다. 그렇기 때문에 미래 혁신을 위한 설계와 행동은 빠를수록 좋다.

당신이 읽고 있는 지금이 곧 출발시각임을 잊지 말라. 한국건설을 건설답게 만들어줄 사명을 가지자.

01

한국건설의 사명 재인식:
건설산업의 이미지와 신뢰 회복

건설의 사전적 의미는 '건물이나 도로 등을 새로 만들어 세움'으로 정의되어 있다. 이렇게 새로움과 세움이라는 뜻이 들어가 있기 때문에 우리가 흔히 일상생활이나 회의 등에서 '건설적인 의견'이라는 표현을 사용한다. 건설이라는 단어에 축적과 전진의 의미도 포함되어 있다. 새롭게 구축된 국토인프라는 100년을 넘어 사용되는 데 현세대가 미래 세대에게 남겨주는 선물이 되어야 한다.

경제와 산업구조가 취약했던 지난 시대에 한국건설은 배고픈 국민과 국가재정이 부족한 문제를 해결해줄 수 있는 가장 확실한 산업으로 인정받았다. '60년대에는 월남전 참전 군인들의 생명을 담보로 벌어들인 외화가 국가 경제 성장 기반 구축을 위한 인프라 건설에 투입되었다. 인프라 건설 과정에서 얻은 경험적 기술을 기반으로 중동시장에 대거 진출했었다. 40°C가 넘는 사막 지역에서 근로자들이 24시간 땀 흘려 벌어들였던 막대한 외화는 '70년대와 '80년에 걸쳐 세계 경제를 강타했던 오일쇼크에서도 한국경제를 살려냈던 1등 공신이 되었다. 근로자들이 열악한 중동 지역의 건설 현장에서 땀 흘렸던 목적은 단지 가족을 위한 수입 창출만은 아니었다. 국가 경제 여력이 취약한 한국을 살리기 위한 애국심과 이타심이 더 큰 역할을 했었다. 국민들은 건설과 근로자에게 응원의 박수를 아끼지 않았었다. 한국건설과 근면한 근로자들이 건설한 인프라에 전 세계가 찬사를 보냈다. 그때 해외시장에서 얻었던 한국건설의 좋은 평판은 아직까지 유효하다.

한국건설이 해외에서 얻었던 좋은 평판과 달리 국내에서는 3不·3D 이미지로 추락했다. 이러한 이미지 추락에 대해 한국건설은 왜곡된 오해, 즉 외부 탓으로 돌리는 분위기다. 한국건설에 대한 평가가 공(功)은 약화되고, 과(過)만 부각되었기 때문이라 주장한다. 한마디로 국민 인식에 문제가 있다는 주장이다. 과거와 현재를 반성하기보다 억울함을 호소한다. 국민이 건설의 공과 어려움을 이해해주기를 기대한다. 경제나 금전적 가치로 따져보면 다툼의 여지 없이 한국건설의 국가경제에 대한 기여는 확실히 높다. 새로운 인프라 구축과 생활기반 인프라를 바로 세우는 데 결정적인 역할을 한 것은 틀림없는 사실이다. 그러나 성장 과정에서 필수적으로 겪게 되는 부정과 부패 현상을 관행처럼 당연시하여 혁신하지 못한 잘못은 분명히 한국건설의 잘못으로 지적되어야 한다. 더구나 건설 현장에서 발생하는 인명사고를 관행처럼 거쳐야 하는 과정으로만 인식했다. 인명사고 예방 노력을 제대로 하지 않은 잘못은 덮어두고 정부에 안전관리비와 대가 상향, 그리고 규제와 처벌법 완화를 일방적으로 주장한다. 대다수 국민을 공감하기 힘들게 만들어 버렸다. 건설 산업 자체에서도 작은 목소리지만 '자업자득(自業自得)'이라는 자조적인 평가가 나오는 이유다.

한국건설이 간과했던 잘못이 있다. 압축 성장 과정에서 건설이 내수 시장에서 얻었던 과실을 국가 경제보다 산업체와 창업주의 부 축적에만 집중했었다. 부정과 부패 그리고 부실공사에 대한 국민의 관용을 통과 의례 정도로만 인식했지 이를 산업계가 스스로 혁신하려는 노력이 부족했다. 소득 1천 달러 미만에서 국민이 용인해줬던 나쁜 관행이 지속되리라 믿었던 것 같다. 국민의 개인소득이 1만 달러를 넘어가는 '80년대 중반부터 국민의 눈높이가 변하기 시작했다. 1993년에 도입된 책임감리제가 부실공사에 대한 정부의 고강도 정책의 전환기였음을 산업계가 간과했다. 정부 정책은 국민의 요구를 대변하는 흐름이라는 사실을 외면한 것이다. 책임감리제는 부실공사 자체를 산업계 스스로가 방지하지 못한다는 판단에 따라 제3자 개입을 의무화시킨 것이다. 소득 수준 향상으로 높아진 국민 인식과 너무 큰 차이가 벌어지기 시작했다. '88 올림픽'을 계기로 급격하게 증가했던 국가 경제 규모로 인해 한국은 내수시장 전성시대에서 세계화 시대에 진입하기 시작했다. 1995년 시장 개방과 함께 봇물처럼 터진 국민의 해외 여행 증가는 자연스럽게 한국과 외국의 인프라와 랜드마크 구조물을 비교하기 시작했다. 한국건설에 대한 국민의 인식이 급격하게 악화되기 시작했던 시점으로 추정된다.

한국건설에 관행화된 부정과 부패는 부당한 이익 때문이라는 시민단체의 목소리도 커지기 시작했다. 시민단체는 공사비가 누수 되는 현상과 부실공사를 한 패키지로 묶어 비난했다. 공사비에 50% 이상 거품이 끼어 있어 공사비를 삭감하는 게 당연하다는 주장이다. 근본 원인은 부풀어진 표준품셈에 있기 때문에 「국가계약법」 내 원가 산정 기준을 실적공사비로 전환해야 한다는 주장이다. 시민단체의 주장에 공감했던 정부가 1999년 공공사업 효율화 종합대책을 내놓았다. 시민단체의 주장은 옳고 그름을 떠나 국민의 공감을 얻었던 것은 언론의 힘이 컸었다. 언론의 속성은 사회의 긍정적 측면보다 부정적인 측면을 크게 부각하게 되어 있다. 산업계가 강하게 부정했지만 국민과 언론의 공감을 끌어내기에는 3不 이미지가 너무 뿌리 깊었다. 2021년 한국행정연구원이 일반 국민을 대상으로 한 부패실태에 관한 조사연구에서 건설 부문이 가장 높게(75%) 지적되었지만 건설 산업계는 이를 전면 부인(10% 이하)하고 있다는 양극단에 있다는 사실만으로도 국민의 높아진 눈높이의 기대수준을 못 맞추고 있는 것이다. 이 격차 해소는 국민이나 정부가 아닌 산업계가 나서야 해결 가능한 과제가 되었다.

02

시장이 요구하는 신건설생태계: 생산성 혁신을 위한 기술중심의 경쟁력 제고

제4차 산업혁명이나 디지털 전환, ICT 융합기술 등이 지향하는 공통점은 생산성 혁신과 새로운 시장 창출로 모아진다. '90년부터 시작된 8차례에 걸친 혁신대책이나 건설 비전이 지향했던 목표와 크게 차이가 없었다. 건설혁신을 국가 차원에서 추진했던 영국이나 미국과 한국의 차이는 실행 방법과 주체에 있었다. 우리나라에서는 정부가 주도했었다. 8차례 모두 산업계는 방관자 입장이었다. 산업체는 오히려 피해를 입는 것처럼 오해하기도 했다. 생산성 혁신을 위해 생산원가 절감과 공기 단축을 주문했지만 산업계는 언제나 예정가격과 낙찰률 상향만을 주장했었다. 공기는 표준공기를 내놓기를 주장했었다. 생산성 혁신을 위한 기술 역량 강화보다 법과 제도에 기대는 모습으로 일관했다. 생산성 혁신을 위한 원감절감의 문제를 기술력 강화로 해결하기보다 다단계 하도급 수단에만 몰두했다. 그 결과 원도급자는 공학 기반의 기술력을 잃어버렸고 기술자는 유능한 하도급자 물색, 그리고 하도급 계약관리가 마치 기술자 직무의 본질인 것처럼 인식했다. 새로운 기술을 개발하기보다 여전히 선진기업이나 타 선도기업의 기술과 경영을 모방하거나 복제하는 추격자 위치를 유지하는 데 매달렸다. 해외시장에서 한때 활성화되었던 가성비 기반의 경쟁력도 잃어버렸다. 세계 건설시장이 기술력이 주도하는 시장으로 변했음을 읽지 못했다. 공학기술을 잃어버린 결과 건설 프로세스와 외생 기술인 AI, 빅데이터, VR·AR 등과 융합시킬 수 있는 역량도 잃어버렸다. 이 상태로는 급변하는 글로벌 시장의 흐름을 따라갈 수 없다. 더구나 정부가 막대한 예산을 투입하여 기술개발을 서두르고 있는 스마트건설, 모듈러 주택, 탈건설 현장 기술을 소화할 수 있는 기술자와 산업계를 찾기조차 어려워질 것이 확실시된다.

03

혁신의 주체로서 '산업계'가 나서 건설을 건설답게

한국건설의 산업계는 국민과 국가에게 무엇을 해주기를 요구하기보다 국민과 국가에 무엇을 해줄 수 있는지를 먼저 약속해야 할 때가 왔다. 한국건설을 건설답게 만들어가야 한다. 대한민국 「헌법」 제34조와 제35조에 명시 된 대로 국민의 생명과 재산을 보호해줄 수 있어야 하며 쾌적한 주거환경 인프라를 구축해야 할 사명을 재확인해야 한다. 국민은 언제나 질(quality)과 성능(performance)이 높고 안전(safe)한 국토인프라를 값(cost)싸게 단기간(time)에 활용할 수 있게 되기를 기대한다. 국민이 원하는 수요를 맞추는 국토인프라 구축에 대한 책임이 건설에 있다. 한국건설이 다른 어떤 국가보다, 더 좋은 국토인프라를 더 싸고 더 빠르게 국민에게 공급하겠다는 약속을 선제적으로 내놓고 실천해가는 모습을 지속적으로 보여줄 때, 비로소 한국건설을 외면했던 국민이 되돌아오게 된다. 한국건설이 지금까지 국가와 국민에게 일방적으로 요구했던 것과는 정반대로 국민과 국가경제 발전에 어떠한 기여를

해 줄 것인지를 약속하기 시작하는 순간 한국건설을 보는 국민의 시각이 달라질 것이 틀림없다. 산업의 이미지가 밝아지고 경쟁력이 높아지게 되면 유능한 청년층이 건설시장에 진입하는 경쟁도 일어나게 될 것으로 확신한다. 한국건설을 건설답게 만들어가는 새로운 생태계 구축 설계를 주문하는 이유다. 이미 허물어져 버린 아날로그 기반의 건설 생태계를 복원하기보다 제4차 산업혁명과 디지털 전환 시대에 맞게 새로운 생태계 구축을 바르게 세우는 노력을 주문하는 것이다. 힘들고 먼 길이지만 이 길만이 한국건설이 생존과 성장할 수 있다고 판단했기에 주문하는 것이다. 한국건설에 잠재된 역량을 내부에서부터 끌어내자는 취지다.

나 하나 꽃 피어
풀밭이 달라지겠느냐고 말하지 말아라

　건설회사 기술자로 본사 사무실에서 첫발을 내디뎠다. 일본회사가 한국건설에 남긴 청사진 도면 위에 트레이싱지를 놓고 원도 아닌 제2 원도를 복제하는 것을 지켜봤다. 보고 배우라는 것이었다. 제도판이 귀했던 탓에 앉아보지도 못하고 종일 서서 지켜보는 데 3개월의 시간이 흘렀다. 그때는 그것이 설계 직무의 본질인지 알았다. 대학에서 배웠던 구조공학이나 재료역학 등 공학이 왜 필요한지 몰랐다.

　국내 최대 조선소 건설 현장에 파견되었다. 당연히 도면과 시방서가 있을 줄 알았다. 배 건조장(dry dock) 구축 현장이었다. 현장에서는 바닥 슬라브와 벽체 시공이 한창 진행 중이었다. 작업반장에게 도면과 시방서 소재를 물었다. 그때 작업반장은 목공과 철근공은 도면 없이 눈썰미(?)로 거푸집과 철근을 가공·조립하는 것이거늘, 왜 굳이 도면을 찾는지 초보 기술자를 나무라듯 말했다. "공사를 해봤어야 알지…." 그때는 그것이 시공기술의 전부인줄 알았다. 작업반장보다 못한 기술자가 왜 굳이 대학에서 4학년이라는 시간을 소비했을까 하는 의구심이 들었다.

원자력발전소 건설 현장에 잠시 파견되었다. 회사가 현장에서 현장으로 파견을 보낸 덕분이었다. 원자로 벽체 건설에 채택된 공법이 당시로서는 한 번도 시행해보지 못한 '슬립 폼(slip form)' 공법이었다. 기초 타설이 시작되면 21일 동안 하루 24시간 쉼 없이 콘크리트를 연속 타설해야 하는 공법이었다. 콘크리트 타설 전 시험 시공을 여러 번 반복했었다. 외국 기술자가 레미콘 트럭마다 공시체를 만들고 슬럼프 테스트를 하고 결과를 꼼꼼하게 기록하는 것을 목격했다. 시험 시공 때마다 그날의 온도와 날씨, 그리고 배합설계 번호, 공시체와 시험 시공 블럭 번호를 기록해갔다. 벽체의 높이와 온도, 날씨에 따라 콘크리트의 배합설계가 달라지는 것을 눈치챘다. 왜 달라야 하는지, 어떻게 배합설계를 하는지 비법(?)을 여러 차례 물었다. 외국 기술자는 묵묵부답으로 일관했다. 회사 상급자에게 물었다. 그냥 외국 기술자가 하고 시키는 대로 하면 되는 데 굳이 파헤치려(?) 하느냐고 핀잔하는 말만 들어야 했다. 그때는 국내 기술자와 외국 기술자의 차이가 엄청나게 벌어져 있는지 몰랐다. 뭔지 몰랐지만 차이가 있는 것만큼은 확실하게 깨달았다.

건설회사를 떠나 원자력연구소 내 엔지니어사에서 원전시스템에 대한 교육을 6개월간 받았다. 토목구조와 전공이 전혀 다른 기계와 전기, 계측과 핵물리학 등 타 전공 분야 기술자와 연구자들이 모여 원전시스템에 대한 이론 교육을 받았다. 원전 이론과 실습을 겸한 원전의 라이프 사이클 프로세스 설계 실무 교육과정으로 이뤄졌다. 건설회사의 본사와 현장과는 전혀 다른 세상을 처음으로 접했었다. 엔지니어에게 무엇이 필요한지, 어떤 시각이 필요한지를 자각하기 시작했다. 강사들이 교육생들에게 어떤 필요성과 무엇을 해야 하는지를 가르쳐주지는 않았지만 교육과정을 통해 스스로 깨닫기 시작했다. 도면 복제와 현장 시공에 가려졌던 건설의 새로운 면을 보기 시작했다.

원전시스템 6개월 교육과정을 마친 후 전공분야인 구조공학(내진 및 동력학) 교육과정에 입문했다. 여기서 또다시 3개월간의 다학제 교육과정을 이수하게 됐다. 교육 담당기관이 설계한 입문과정은 지난 6개월간의 이론과 실습과정과 유사했지만 공학기술의 응용과정으로 프로그램이 구성되어 있었다. 원전 엔지니어링이 반드시 지켜야 할 과제로 원전의 안전(safety), 구조물의 안정성(stability), 구조물과 각종 설비시스템과의 통합성(integrity), 경제(economic) 설계 원칙 준수에 대한 교육이었다. 복제를 설계의 전부로 알았던 경험에 혼란이 생겼다. 설계 프로세스에서 타 기술과 간섭을 사전에 고려해야 하며 불가항력으로 간섭이 발생했을 경우 처리 방법 등에 사례 교육이 이어졌다. 구조이론 교육 강사는 신기하게도 치과의사면허를 가진 치공 전공자였다. 잇몸과 치아, 그리고 치아교정을 위한 보강철제(?)를 설계하는 데 구조공학 기술이 동원되는 것이었다. 지금에서야 그것이 임플란트의 일종이라는 사실을 알았다. 강사는 정밀한 구조해석을 위해 보강 재료에 따라 설계 및 해석이 달라짐을 계산기의 결과로 보여줬다. 물론 칠판에 과정을 상세하게 설명해줬다. 당시 사용되었던 계산기는 99 스텝(step)까지 프로그램이 가능한 고성능 계산기(programmable calculator)였다. 계산기를 통해 검증된 해석 결과를 실제 원전구조물(당시 대상은 원전의 격납 건물의 벽체와 내부구조물 설계)에 옮겨가면서 더 이상 계산기로는 해석이 어려워 컴퓨터 프로그램 사용으로 범위를 넓혔다. 교육과정을 통해 절실하게 깨달았던 점이 공학기술에서 전공별 칸막이가 장애물이 될 수 있어 반드시 통합으로 가야 플랜트의 품질과 성능을 보장받을 수 있는 필수 기술이라는 사실을 깨달았다.

원전시스템 교육과 구조공학 교육을 18개월간 이수한 후 첫 번째 과제가 화력발전소의 150m 높이 연돌(stack) 설계 및 시공이었다. 배출가스 규제로 인해 기존 화력발전소의 70m 연돌을 헐고 150m 굴뚝을 새로 건설하는 프로젝트였다. 연돌에 대한 아무런 지식이나 경험이 없었지만 눈에 보이는 굴뚝에 대한 구조해석에는 자신이 있었다. 문제는 구조물의 안전이나 안정성보다 연돌의 기능과 성능에 관한 지식과 정보 부족이었다. 눈으로 보기에 직선이었지만 현장 방문을 통해 확인한 것은 바닥과 꼭대기의 지름에 큰 차이가 난다는 사실을 확인했다. 구조형태는 원뿔이었고 외부에 드러나지 않는 내화벽이 굴뚝 안쪽 벽에 설치되어 있었다. 난감했다. 발주자에게 원래 연돌에 대한 도면 제공을 요청했지만 없었다. 일본회사가 시공 후 도면 전부를 회수해갔다는 답이 돌아왔다. 발주자에게 부탁하여 일본 도쿄의 원설계자 사무실을 찾아갔다. 도면 복제나 필기를 요청했지만 거절당했다. 일본회사는 볼 수는 있지만 전부나 부분 복제는 물론 필기구조차 지참을 허락하지 않는 조건을 내세웠다. 일본까지 가서 도면을 구하지 못하는 난감한 처지였다. 눈으로만 볼 테니 하루 시간 할애를 요청하여 겨우 수락받았다. 8시간 넘게 도면 8매 읽기에 몰입했다. 연돌의 기울기와 바닥과 꼭대기 벽체의 두께, 내화벽돌 쌓기가 높이에 따라 어떻게 변하는지를 파악했다. 귀국하자마자 곧바로 기억을 더듬어 150m 연돌을 스케치했다. 일본이 설계한 80m 굴뚝을 기억을 더듬어 150m 연돌로 재설계했던 셈이다. 복제기술은 아니었지만 일본 기술을 모방한 것은 틀림없었다. 이 행위가 과연 우리 기술인지 강한 의문이 들었다. 지금의 판단으로는 모방 기술이지 창조기술이 절대 될 수 없다는 결론이었다.

국내사가 첫 주계약자로 나섰던 원전 설계엔지니어링에 본격 돌입하기 시작했다. 7개 기술부서에 엔지니어링 진행 프로세스와 마일스톤을 제공했다. 반드시 지켜야 할 원칙으로 안전(safety), 안정(stability), 품질(quality)과 성능(performance) 조건을 맞추기 위한 통합(integrity)성 준수를 요구했다. 재설계와 재시공 방지를 위해 기술부서와 공급자 정보와의 인터페이스 계획 및 관리도 주문했다. 시공의 편의성 확보를 위해 반드시 시공전문가의 검토 의무를 지키도록 요구했다. 더불어 안전과 안정을 해치지 않는 범위 안에서 최대한 경제설계를 하도록 요청했다. 설계 과정에서 주요 기기의 반입과 건물 내 이동통로 확보를 위해 공급자 정보를 미리 요청하도록 요구받았다. 엔지니어링 기획과 전략 수립, 내부 및 외부조직 사이 간섭 조정회의 등에 투입되는 시간이 실제 계산이나 도면생산보다 훨씬 많은 비중을 차지하는 사실을 확인했다. 공학기술의 중요성을 부정하기 어렵지만 기술 완성의 지배력은 전통적인 공학 외적에 있음을 깨닫게 됐다. 기술은 'bottom-up' 접근이 가능하지만 지배력은 'top-down'에 있음을 간파했다. 공학기술의 원천이 'critical thinking(비판적 사고)'에 있음을 실감했다. 도면이나 시방서 등 눈으로 보이는 결과물은 복제가 가능하지만 공학기술은 모방은 가능해도 복제가 불가능하다는 사실을 깨달았다. 한국원전 기술수준이 세계 최고 수준에 올라서게 된 배경이 공학기술을 복제와 모방보다 중시했기 때문이라는 결론이다.

엔지니어링 개별 부서의 직무는 기본적으로 'why(왜), how(어떻게), where(어느 부서)'에 집중되게 되어있다. 엔지니어링의 속성상 시작(start) 지점에서 성과물 완성(finish) 시기를 보게 된다. 그러나 기술부서의 연합체인 프로젝트는 개별 부서와 달리 완료(finish) 시점을 먼저 보게 된다. 완료 시점에 맞춰 언제 착수(start)해야 하는지를 결정한다. 자연스럽게 'what(무엇), when(언제), who(누가)'에 집중하게 된다. 이를 흔히 프로젝트관리(Project Management, PM) 역할이라 부른다. 엔지니어링과 PM이 보는 관점에 차이가 있다. 엔지니어링 기술이 안전과 안정성, 통합성과 성능 확보에 중점을 두는 데 반해, PM은 공기와 예산, 품질 등에 중점을 둔다. 엔지니어링이 기술부서 간 간섭 해결에 몰두하는 것과 달리 PM은 사업 주체별 간섭 문제해결에 집중한다. 엔지니어링이 기술에 승패를 건다면, 프로젝트 혹은 PM은 프로젝트 승패에 매달린다. 프로젝트 성공에 결정적으로 미치는 변수가 의사결정권자의 '리더십'과 '타이밍'이라는 사실도 경험을 통해 깨달았다. 전략적 사고의 중요성이 얼마나 큰지 깨달은 것이다. 한국건설의 기술이 세계 최고 수준에 올라선 것도 있지만 기술 최강국까지는 올라서지 못했다. 건설기술 최강국이 되려면 공학기술과 PM, 그리고 전략적 사고와 접근 방식의 통합이 이뤄질 때 가능하다.

'90년대 초 초대형 고속철도 건설 프로젝트가 착수되었다. 고속철도는 전통적인 철도와 달리 노반 인프라, 차량과 신호·통신시스템으로 이뤄진 철도시스템 프로젝트였다. 노반과 궤도, 전차선과 전력, 차량과 신호, 통신 등이 별도가 아닌 통합시스템이 되어야 하는 가동되는 시스템 기반의 교통체계 구축 프로젝트다. 원전 기술과 PM 경험과 지식을 고속철도프로젝트에 접목하기로 했다. 그런데 당시 발주기관의 조직 형태가 건설, 차량, 전기 등 건설의 속성별 본부가 나뉘어져 있었고 본부 내 공종별 부서가 설계와 시공이 분리된 상태였다. 사업기획과 시설물 간섭과 통합 설계가 어려운 조직 구조였다. 토목과 건축이 주도하는 건설본부의 예산이 전체 사업에서 차지하는 비중이 70%로 높아 프로젝트의 주도권을 가지고 있었다. 고속철도 속성은 예산 비중보다 차량과 통신·신호, 그리고 전력으로 구성된 시스템 비중이 지배해야 했다. 전문가그룹의 조직과 프로젝트 주도권 개선 요구에 귀를 닫았다. 30km 단위로 나뉜 14개 설계 공구에서 제출된 도면 매수가 8만 매를 넘어갔다. 설계 도면을 보는 순간 원전건설 현장과 너무 큰 차이를 발견했다. 지나치게 세분화된 도면은 잦은 설계변경은 물론 시공계약자의 가시설물과 공법 선택에 제한을 줄 수 있는 염려가 있었기 때문에, 도면매수를 1/10로 줄이고 시공계약자가 현장설계도면을 작성하는 것을 제안했지만 철도 현장의 보편적 관행과 다르다는 이유로 거절당했다. 더구나 품질관리를 공사감리에서 책임감리로 격상시켜 시공계약자의 품질관리 역할과 책임을 약화시켜 버렸다. 운전자(시공자)의 안전운전책임을 조수(감리자)에게 위임하는 것과 다를 바 없었다. 외국 기술자가 시공계약자의 품질관리책임을 강조했지만 역시 거부당했다. 공사 중 부실시공 문제가 언론에 노출되는 빈도가 증가했다. 공기도 당초보다 98개월이나 지연되었고 사업비도 2.5배 이상으로 늘어났다. 고속철도시스템은 첨단기술로 무장되었지만, 기술과 관리 역량이 따라가지 못했다. 국내 경험을 바탕으로 해외시장에 진출하겠다는 의도는 2022년 4월 현재까지 달성하지 못한 상태다.

고속철도 건설과 같은 시기에 초대형 국제공항건설 프로젝트 전담조직이 출범했다. 세계 최고의 공항, 최첨단 정보시스템으로 무장된 국제공항을 건설하겠다는 목표였다. 정부가 전담조직으로 공공기관을 설립했다. 여기까지는 고속철도 건설 프로젝트와 같은 접근 방식이었다. 세계 최고의 공항이 되기 위해서는 토목이나 건축과 설비 등 시공 공종 중심이 아닌 공항 시스템 기반의 조직이 구성되어야 한다는 제언에 귀를 열었다. 통합이 핵심이었지만 공조직의 특성상 부서별 칸막이 제거가 어려운 문제로 등장했었다. 부서별 칸막이 제거를 위해 외부조직을 수혈했다. 공 프로젝트 관리 지침서로 조직의 조직내규보다 사업절차서를 활용하기로 했다. 한 번도 대규모 국제공항건설을 해보지 않은 탓에 예산과 공기, 그리고 국제공항 성능에 대한 경험과 지식이 부족했다. 상당수가 무리한 목표를 달성하기 힘들 것으로 생각했다. 이러한 각종 회의론에도 불구하고 국제공항건설은 제시간에 세계최고공항으로 태어났다. 최고경영진의 의지와 신념, 리더십을 지원하는 기술과 PM 기술이 있었기에 가능했다. 아무도 확신하지 못했던 세계최고공항을 한국건설의 힘으로 완성했다.

1996년부터 시작된 '공공사업 효율화 종합대책'과 2021년 '2030 건설산업 비전' 개발까지 직·간접으로 참여했었다. 그때마다 왜 건설 산업계는 방관자에 머물러 있는지에 강한 의문이 들었다. 그러면서도 왜 정부 주도로 개발된 8차례의 각종 대책이나 비전에 대해서는 기대보다 비판으로 일관하고 있는지에 대한 답을 찾아내지 못했다. 산업계는 겉으로는 규제 완화를 주장하면서도 하는 행동은 이해집단에 따른 새로운 규제 제정을 요구하는지도 지금까지 이해하지 못하고 있다. 규제가 또 다른 규제를 양산하는 악순환이 지속되고 있다. 한국건설은 현재 분명 위기에 처해 있다. 위기 탈출은 당장의 대가 인상이나 낙찰률 상향만으로는 해결 불가능하다. 산업계는 정부 주도의 혁신대책이나 비전 설정을 반대하면서도 전면에 나서지 않는다. 거듭되는 실패 학습에 너무 익숙해져 있는 탓이 아닐까?

국토인프라 구축 및 운영시장은 국민과 국가가 존재하는 한 사라지지 않는 확고한 시장이다. 시장은 있지만 지금의 건설 생태계로는 산업과 기술의 지배력이 타 산업과 기술로 대체될 가능성이 높다는 추론이다. 건설시장 진입을 기피하는 청년 세대를 비난하기보다 한국건설의 희망과 비전을 보여주는 산업체의 약속이 우선이라 판단했다. 현재의 노력이 청년 세대와 후속 세대에게 희망과 일자리를 제공할 수 있다는 기대로 주문서를 집필하기로 했다. 건설환경종합연구소는 국민과 사회가 서울대학교에 부여한 사명을 지키기 위해 새로운 생태계 구축을 위한 설계 주문서를 준비하기로 했다. 2017년 초부터 준비에 돌입했다. 건설환경종합연구소 단독보다 한국건설 리더그룹의 동참을 유도하기 위해 3차례에 걸쳐 모임을 가졌다. 연구소가 수시로 발간하는 보고서 『VOICE』에도 한국건설이 당면해 있는 위기[1]와 위기 돌파를 위한 혁신제안[2]을 주문했다. 산업계가 모임과 『VOICE』 발행 시마다 응원과 격려를 보내주면서도 적극적으로 나서기를 주저하는 것을 아쉽게만 바라봤다.

---

1 서울대학교 건설환경종합연구소(2019), 건설 갈라파고스 한국, voice 제18호, 2019.5.
2 서울대학교 건설환경종합연구소(2022), '국민의 삶'과 '국가경제'를 위한 건설의 파괴적 혁신 제안, voice 제24호, 2022.3

한국건설은 지구상에서 인류가 건설하는 구조물 중 고급기술과 고난도 기술이 요구되는 원자력발전소 건설에서 세계 최고기술로 인정받고 있다. 한국건설이 주도한 인천국제공항은 2001년 3월 첫 개항 이후 현재까지 세계 최고 공항으로 평가받고 있다. 국제공항건설은 토목이나 건축 기술이 아니다. 첨단기술로 무장된 항공교통시스템 기반의 종합 건설이다. 한국 건설기술이 주도해서 준공한 세계 최고높이의 건물(버즈칼리파 빌딩 828m)과 최장 길이의 교량(차나칼레 교량 경간 2,023m) 건설을 성공적으로 준공시켰다. 한국건설은 앞으로 이 경험과 검증된 기술과 지식을 가지고 한국을 넘어 글로벌 시장에서 챔피언 산업이 될 수 있는 가능성이 활짝 열려 있다. 한국건설의 잠재력은 국내는 물론 글로벌 건설시장의 챔피언으로 만들어가는 지렛대로서 역할을 할 것이다. 신생태계 구축 설계 주문에 산업계가 동참하여 나서 주기를 기대하면서, 4년간 준비해왔던 본 주문서의 원고를 다음 끝말로 마무리하고자 한다.

　　"또? 왜 또? 아직도?"
　　건설혁신이 거론될 때마다 반복되는 산업체의 메아리
　　"파괴적 혁신, 죽어야 산다"
　　건설혁신의 필요성을 주장하는 연구자의 메아리.
　　이 책,
　　소리만 요란한 "태산명동"으로 끝 날 것인가?
　　이 책,
　　티끌이 태산이 될 수도, 먼지로 끝날 수도 있다.
　　이 책,
　　"찻잔 속 태풍"이나 "빅뱅"을 기대하지 않는다.
　　이 책,
　　바늘은 작지만 찔리면 몸 전체가 아파한다.
　　이 책,
　　호수에 던진 돌멩이가 동심원을 만들 듯,
　　이 책의 목소리가 널리 퍼져나가기를 기대한다.

참고문헌

단행본

유기윤 외 2인, 『2050 미래 사회 보고서』, (라온북, 2017)

이영환 , 『지속가능한 기반시설 유지관리』(대한건설정책연구원, 2021)

이정동, 『축적의 길』(지식 노마드, 2017)

정욱, 임성현, 『2015 다보스 리포트: 불확실성과 변동성의 시대, 성장 해법을 찾다』
　　(매일경제신문사, 2015)

테일러 피어슨 저, 방영호 역, 『직업의 종말: 불확실성의 시대 일의 미래를 준비하라』
　　(부키, 2017)

토머스 프리드먼 · 마이클 만델바움 저, 강정임, 이은경 역, 『미국 쇠망론: 10년 후 미국은
　　어디로 갈 것인가?』(21세기북스, 2011)

톰 피터스 저, 정성묵 역 , 『톰 피터스의 미래를 경영하라』(21세기북스, 2015)

연구자료

건설교통부(2005), 건설교통 R&D 사업 혁신방안, APEX, 2010

건설교통부 · 한국건설교통기술평가원(2007), 2007년도 건설교통기술연구개발 시행계
　　획 변경(안), 건설교통미래기술위원회

건설비전포럼(2021), 거시적 관점의 건설기술인 처우 개선방안

국토교통부(2018), 제6차 건설기술진흥기본계획

국토교통부(2019), 건설산업 주요 대책

국토교통부(2021), 중장기 건설산업 발전방향 연구

국토해양부(2010), 저탄소 녹색성장, 국토해양 기술개발로 앞당긴다, 국토해양 R&D 발
　　전전략 수립(보도자료 2010.10.12.)

국토해양부(2012), 제5차 건설기술진흥기본계획(2013~2017)

국토해양부 · 건설산업선진화위원회(2009), 건설산업 선진화 비전 2020 최종보고서

김윤주(2018), 국가별 건설인력 인건비 및 생산성 비교와 시사점(건설이슈포커스, 한국
　　건설산업연구원)

대한건설협회·한국건설산업연구원(2021), 건설 및 주택 부문 새 정부의 정책 과제

대한토목학회(2019), 건설현장 사고 저감을 위한 제언(이슈페이퍼 제19호)

LH 한국토지주택공사·건설산업비전포럼(2021), 2020 건설산업비전 수립 연구 최종보고서

서울대학교 건설환경종합연구소 외 2개 기관(2015), 서울특별시 인프라 시설 실태평가 최종보고서(대한건설협회 서울특별시회 지원)

서울대학교 건설환경종합연구소(2017), 건설기술자 실무교육 프로그램 개발 연구용역 II(한국건설기술인협회 지원)

서울대학교 건설환경종합연구소(2017), 한국건설엔지니어링 산업과 업계의 글로벌 포지션 진단(국토교통부 지원)

서울대학교 건설환경종합연구소(2019), 건설 갈라파고스 한국(voice 제18호, 2019.5)

서울대학교 건설환경종합연구소(2020), 통일한반도 국토인프라 구축의 최적화 정책 및 전략 제안(서울대학교 통일평화연구원 지원)

이슬기(2021), 기술인 역량 진단 플랫폼(PECAP, Professional Engineer Competency Assessment Platform) 구축 배경 및 목적 발표자료 발췌, 2021.2.1.

서울대학교 건설환경종합연구소(2022), '국민의 삶'과 '국가경제'를 위한 건설의 파괴적 혁신 제안(voice 제24호, 2022.3)

서울대학교 산학협력단(2020), 국민인프라 서비스 측정지표 적정성 검토 및 활용방안 연구(한국건설기술연구원 지원)

서울대학교 외 2개 기관(2015), 서울시 인프라 시설의 안전 및 성능 개선 정책 방향 연구

㈜한국전력기술(2006), 건설정보론

최은정(2020), 건설업 이미지 현황 및 개선 방안(건설이슈포커스, 한국건설산업연구원)

한국산업기술재단(2007), 미국의 경쟁력 강화를 위한 기술인력정책(이슈페이퍼 07-06)

한국행정연구원(2021), 정부 부문 부패실태에 관한 연구(대한전문건설신문 2021.12.27. 일자 재인용)

Constructing Excellence(2006), Constructing Excellence/A strategy for the future

Don Ward(2008), Recent change in the UK construction industry(Construction Vision Forum, Korea, 25~26 September 2008)

Frank Frickmann 외 6인(2012), 782 consecutive construction work accidents: who is at risk?

HM Government(2013), Construction 2025

National Institute of Standards and Technology(1995), National Planning for Construction and Building R&D(NISTIR 5759)

National Institute of Standards and Technology(2002), Measuring the Impacts of the Delivery System on Project Performance-Design-Build and Design-Bid-Build(NIST GCR 02-840)

National Science and Technology Council(1995), National Construction Sector Goals, Industry Strategies for Implementation

National Science and Technology Council(1995), National Planning for Construction and Building R&D(NISTIR 5759, NIST의 민간기술위원회 소속 건설(건설 및 건물) 분과위 보고서, Executive Summary p. ii.

Takashi Kaneta(2017), The Rold of Project Manager in Construction Projects, and The Case Study of Project Management Failure in Japan(The 2017 International Conference of Construction Project Delivery Methods and Quality Ensuring System, November 17&18, 2017 at Ritsumeikan University Osaka Ibaraki Campus)

US National Institute of Standards and Technology(1995), White Papers Prepared for the White House-Construction Industry Workshop on National Construction Goals(NISTIR 5610)

WEF(2019), The Global Competitiveness Report 2018-2019

WEF(2020), The Global Competitiveness Report(How Countries are Performing on the Road to Recover, special edition 2020)

신문

『한국경제』(2021.11.24.일자), 현대건설, SMR(소형 모듈 원자로)사업 본격 진출

『한경비지니스』(2008.8.18.일자), 한국경제를 바꾼 위대한 순간 '베스트 5'

『이데일리』(2022.2.25.일자), 되레 늘어난 사망자(전년 동기에 비해 사망자 3명이 증가 됨)..., 산재 예방효과 '물음표'

『e대한경제』(2022.2.17.일자), '업역 개방 정책 중단하라' 전문건설업계 대규모 집회

『동아일보』(2022.2.28.일자), 건설업체 10곳 중 8곳 '안전특별법 제정 반대'

과학기술평가원(2020), 국가기술혁신체계 2020s 전략과제(2020.2.6. 양재동 대토론회)

국민의 힘(2022), 공정과 상식으로 만들어가는 새로운 대한민국(제20대 대통령 선거 국민의 힘 정책공약집, 희망사다리교육)

국토교통부(2022), 국토교통 주요정책 추진방향(국토부장관 2022.1.26. 조찬강연 자료에서 발췌)

이상호(2018), 글로벌 인프라 투자 동향과 한국의 SOC 투자 정상화 방안(세미나 자료에서 발췌, 2018.4.12.)

전승현(2018), The Next Frontier: Creating Positive Impact for Sustainable Growth(Positive Impact 국제세미나, 2018.2.2.)

전영준(2018), 건설 생산체계 혁신 세미나(건설하도급 규제개선 방안), 2018.2.8.

조동성(2018), 기업의 모든 구성원이 참여하는 공유가치창조(creating shared value): 프로젝트에서 프로세스(positive impact 국제세미나, 2018.2.2.)

통계청(2022), 2020년 기준 건설업 조사 결과(산업분류별 일자리 통계)

한국도로공사 스마트건설사업단(2021), 건설산업의 디지털 전환(2,050억원을 6년간 투자하여 도로공사의 스마트기술을 개발하는 R&D 과제)

한국도로공사 스마트건설사업단(2021), 건설산업의 디지털 전환(스마트건설기술개발사업 추진 배경)

McKinsey Global Institute(2015), The four global forces breaking all the trends

HM Treasury(2013), UK Construction 2025

http://kosis.kr(국가통계포털)

http://www.fms.or.kr(시설물통합정보관리시스템)

http://www.procore.com

https://www.construction21.org

https://www.construction-innovation.info(A Vision for Australia's Property and Construction)

https://www.iblm.co.kr에서 녹취

https://www.icak.or.kr(한국해외건설협회)

https://www.ice.org.uk (2019), "what is civil engineering"

https://www.law.go.kr(국가법령정보센터)

찾아보기

서울대학교 건설환경종합연구소 간행물 소개

서울대학교 건설환경종합연구소 토론집

국토와 건설 진단

건설강국 코리아를 향한 도약

한국건설의 미래 생태계 설계 주문

초판 1쇄 발행 2022년 12월 8일

지은이 이복남, 이슬기
발행처 KSCEPRESS
등록 2017년 3월 10일(제2017-000040호)
주소 (05661) 서울 송파구 중대로25길 3-16, 토목회관 7층
전화 (02) 407-4115
팩스 (02) 407-3703
홈페이지 www.kscepress.com
인쇄 및 보급처 도서출판 씨아이알(Tel. 02-2275-8603)

ISBN 979-11-91771-13-8 (93530)
정가 15,000원